Untersuchung der Verarbeitbarkeit von Pulvermischungen im Laser Powder Bed Fusion

Investigation of the Processability of Powder Blends in Laser Powder Bed Fusion

Von der Fakultät für Maschinenwesen
der Rheinisch-Westfälischen Technischen Hochschule Aachen
zur Erlangung des akademischen Grades eines
Doktors der Ingenieurwissenschaften
genehmigte Dissertation

vorgelegt von

Simon Ewald

Berichter/in:

Univ.-Prof. Dr.-Ing. Dipl.-Wirt.-Ing. Johannes Henrich Schleifenbaum
Univ.-Prof. Dr.-Ing. habil. Ulrich Krupp

Tag der mündlichen Prüfung: 22. Juni 2023

ERGEBNISSE AUS DER ADDITIVEN FERTIGUNG

Simon Ewald

Untersuchung der Verarbeitbarkeit von Pulvermischungen im Laser Powder Bed Fusion

Herausgeber:
Univ.-Prof. Dr.-Ing. Dipl.-Wirt.-Ing. Johannes Henrich Schleifenbaum

Bibliografische Information der Deutschen Nationalbibliothek
Die Deutsche Nationalbibliothek verzeichnet diese Publikation in der Deutschen Nationalbibliografie; detaillierte bibliografische Daten sind im Internet über https://portal.dnb.de abrufbar.

Simon Ewald:

Untersuchung der Verarbeitbarkeit von Pulvermischungen im Laser Powder Bed Fusion

1. Auflage, 2023

Gedruckt auf holz- und säurefreiem Papier, 100% chlorfrei gebleicht.

Wissenschaftsverlag des Instituts für Industriekommunikation und Fachmedien
an der RWTH Aachen
Steinbachstr. 25, 52074 Aachen
Internet: www.apprimus-verlag.de, E-Mail: info@apprimus-verlag.de

Druck: CPI Druckdienstleistungen GmbH, Ferdinand-Jühlke-Straße 7 I 99095 Erfurt

ISBN 978-3-98555-187-3

D 82 (Diss. RWTH Aachen University, 2023)

Abstract (deutsch)

Die Entwicklung neuer Werkstoffe für das Additive Manufacturing im Metallbereich, insbesondere für das Laser Powder Bed Fusion, gewinnt immer mehr an Bedeutung in der Wissenschaft und Technik. Stand heute werden im Laser Powder Bed Fusion hauptsächlich vorlegierte Pulver als Ausgangsmaterial genutzt, die je nach chemischer Zusammensetzung teuer und nicht geeignet für eine schnelle Anpassung sind. Somit sind vorlegierte Pulver nur bedingt geeignet zur Entwicklung neuer Legierungen für das Laser Powder Bed Fusion. Ein neuer Ansatz ist, die gewünschte chemische Zusammensetzung mittels einer Pulvermischung zu generieren und somit schnell und flexibel neue Legierungen herstellen zu können. In der hier vorliegenden Arbeit wird die Verarbeitbarkeit von Pulvermischungen im Vergleich zu vorlegiertem Pulver im LPBF-Prozess untersucht. Exemplarisch wird ein FeMnAlC-System mit einem Anteil von 5–7 Gew% Aluminium verwendet. Die Arbeit ist in vier Untersuchungsschritte gegliedert. Zuerst wird eine ausführliche Charakterisierung der Pulver vorgenommen und die chemische Verteilung der Pulvermischung auf der Bauplattform vor und nach der Verarbeitung bestimmt. Danach werden Quader zur Analyse der rel. Dichte in Abhängigkeit der Verfahrensparameter hergestellt und analysiert. Darauf folgen Untersuchungen der chemischen Verteilung der Elemente innerhalb eines Schmelzbades, der Mikrostruktur und der mechanischen Eigenschaften. Abschließend werden die Ergebnisse kritisch betrachtet und eine Anwendungserprobung von Pulvermischung anhand der Herstellung von dünnwandigen Strukturen durchgeführt.

Abstract (english)

The development of new materials for metal additive manufacturing, especially for Laser Powder Bed Fusion, is becoming more and more important in science and industry. Up to now, mainly pre-alloyed powders are used as feedstock, which are often expensive, depending on their chemical composition and not suitable for rapid adjustment of the chemical composition. Thus, pre-alloyed powders are limited for the development of new alloys for Laser Powder Bed Fusion. A new approach is to generate the desired chemical composition by powder blending and thus beeing able to produce and test new alloys fast and flexible. In the present work, the processability of powder blends is investigated in comparison to pre-alloyed powder. As example alloy a FeMnAlC-system with a content of 5–7 wt% aluminum is used. The work is divided into four main investigation steps. First, a detailed characterization of the powders is performed and the chemical distribution of the powder blends on the build platform before and after processing is determined. Consequently, cubes for the analysis of the relative density depending on the process parameters are produced and analyzed. This is followed by investigations of the chemical distribution of the elements within the melt pool, the microstructure and the mechanical properties. Finally, the results are critically discussed and the usability is demonstrated by producing thin-walled structures.

Inhaltsverzeichnis

1 Einleitung

Additive Manufacturing (AM) ist eine Produktionstechnologie mit Potenzial das Spektrum konventioneller Fertigungstechnologien zu ergänzen. Weiterentwicklungen im Bereich der Anlagentechnik und eine Erhöhung der Bauteilqualität ermöglichten den nächsten Schritt vom Rapid Prototyping zur Endfertigung von Einzelteilen und Kleinserien [Woh21, S. 147]. Im Metall-AM ist das Laser Powder Bed Fusion (LPBF) das meistverwendete Verfahren. Hohe geometrische Freiheit, geringer Materialverlust, niedriger Energieverbrauch und ein hoher Automatisierungsgrad sind Vorteile des LPBF [Deb19; Sch10]. Darüber hinaus bieten die prozessspezifischen Eigenschaften des LPBF die Möglichkeit, Materialien endkonturnah zu verarbeiten, die bislang nicht oder nur unter hohem Aufwand konventionell verarbeitbar sind [Wen18b; Haa17a; Kun19]. Durch den Einsatz neuer, speziell für den LPBF-Prozess entwickelter Materialien können Werkstoffeigenschaften und Prozesseigenschaften in Kombination vorteilhaft genutzt werden.

Während bei der Anlagentechnik und dem LPBF-spezifischen Bauteildesign bereits ein hoher Reifegrad erreicht werden konnte, ist das Spektrum der verfügbaren Materialien für den LPBF-Prozess limitiert. Derzeit werden wenige unterschiedliche Legierungen im LPBF eingesetzt. Der Großteil davon wurde ursprünglich für andere Fertigungstechnologien entwickelt und wird jetzt im LPBF verwendet. [Gu12; Her16; Lew16].

Bislang finden hauptsächlich vorlegierte Pulver Anwendung, um Prozessstabilität und chemische sowie mikrostrukturelle Homogenität bei reproduzierbaren Eigenschaften zu gewährleisten [Zha16; Gu11; Che17]. Der Einsatz von Pulvermischungen ermöglicht neue Freiheitsgrade und birgt Potential, insbesondere zur Entwicklung neuer, speziell für das LPBF-Verfahren entwickelter Legierungen. Die Verwendung von Pulvermischungen aus mehreren Pulvern ermöglicht es, die chemische Zusammensetzung schnell, einfach und dezentral unmittelbar vorm Prozess zu variieren, was das Design und Screening neuer Legierungen beschleunigen kann [Can04; Yeh13].

Ziel dieser Arbeit ist die Untersuchung des Einflusses von Pulvermischungen auf den LPBF-Prozess, die Bauteileigenschaften und die Analyse der Unterschiede zwischen vorlegierten Pulvern und Pulvermischungen sowie daraus hergestellten Probekörpern, damit zukünftig Pulvermischungen reproduzierbar und zuverlässig entsprechend der Anwendungen eingesetzt werden können. Als Beispiellegierung wird ein Hochmanganstahl (HMnS) mit 5–7 Gew% Aluminium verwendet. In vorangegangenen Untersuchungen hat sich herausgestellt, dass die gewählte HMnS-Legierung robust verarbeitbar ist und in einem definierten Verfahrensparameterfeld mit wenigen Defekten und einer hohen rel. Dichte (> 99,5 %) zu rechnen ist [Ewa19a; Köh20].

Zuerst wird die Ausgangssituation bzw. der Ausgangszustand der Pulver und der Pulvermischungen bestimmt. Zudem wird der Einfluss des Pulverbeschichtungsprozesses auf die Verteilung der Elemente auf der Bauplattform bei Pulvermischungen untersucht. Danach wird das Prozessverhalten abhängig von den Verfahrensparametern anhand eines vordefinierten Verfahrensparameterfeldes analysiert. An den

Probekörpern werden die rel. Dichte und die Schmelzbadgeometrie ermittelt, um das Verhalten von Pulvermischungen bei der Verarbeitung im Vergleich zu vorlegiertem Pulver bewerten zu können. Des Weiteren wird die chemische Zusammensetzung in Abhängigkeit der Verfahrensparameter (Laserleistung, Belichtungsgeschwindigkeit und Spurbreite) analysiert. Anschließend wird die chemische Verteilung innerhalb eines Schmelzbades sowie die Mikrostruktur betrachtet und die mechanischen Eigenschaften von Pulvermischungen und vorlegierten Pulvern anhand von Zugversuchen bestimmt. Abschließend werden alle Ergebnisse miteinander korreliert und hinsichtlich der Gesamtzielsetzung diskutiert.

2 Stand der Wissenschaft und Technik

2.1 Laser Powder Bed Fusion

2.1.1 Prozessablauf

LPBF ist ein häufig verwendetes AM-Verfahren mit Metallpulver als Ausgangsmaterial. In drei wiederholenden Schritten werden Bauteile endkonturnah hergestellt [Sch10]. Dies wird durch schichtweises selektives Schmelzen von Metallpulver unter Verwendung von Laserstrahlung erreicht (s. Abbildung 2.1). Das Verfahren wurde Mitte der 1990er Jahre am Fraunhofer Institut für Lasertechnik in Aachen maßgeblich entwickelt [Mei99].

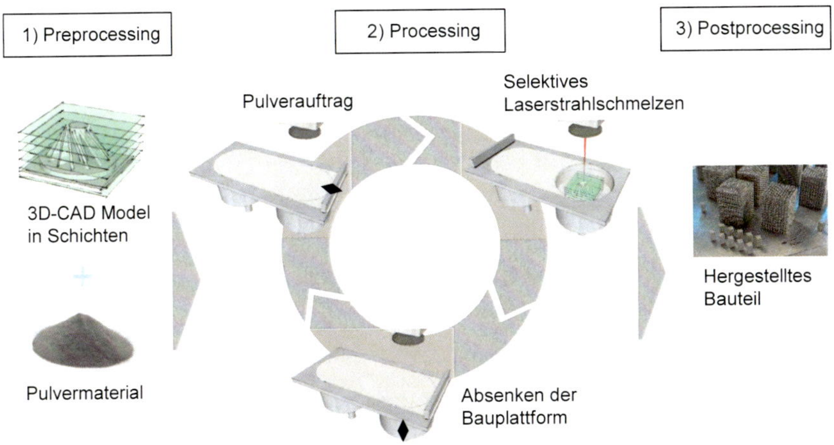

Abbildung 2.1: Schematische Darstellung des Verfahrensprinzips des LPBF mit den drei wesentlichen Prozesschritten Preprocessing, Processing und Postprocessing nach [Sch10]

Im Folgenden werden die oben in Abbildung 2.1 dargestellten drei wesentlichen Schritte des LPBF-Prozesses näher erläutert und beschrieben [Sch10]:

1. Preprocessing

Das 3D-Modell des Bauteils wird konstruiert, in Schichten konstanter Dicke (typischerweise zwischen 0,03–0,1 mm) aufgeteilt, und jeder Schicht entsprechende Belichtungsvektoren zugeordnet, welche die Belichtungsbahnen der Laserstrahlung darstellen. Zusätzlich wird die LPBF-Anlage durch das Einbauen und Ausrichten einer Substratplatte vorbereitet. Anschließend wird das gesiebte Metallpulver in den Pulvervorrat der LPBF-Anlage eingefüllt.

2. Processing

Die Verarbeitung kann in die folgenden Schritte unterteilt werden, die für jede Schicht bis zur Fertigstellung des Bauteils zyklisch durchlaufen werden:

- Auftragen einer gleichmäßigen und homogenen Schicht aus Metallpulver auf die Bauplattform oder die vorherige Schicht mit dem Pulverbeschichtungssystem;
- Selektives Aufschmelzen mittels Laserstrahlung entsprechend der Schichtinformationen bzw. Belichtungsvektoren der jeweiligen herzustellenden Schicht;
- Absenken der Bauplattform um die definierte Schichtdicke.

Der gesamte LPBF-Prozess erfolgt unter Schutzgasatmosphäre, typischerweise Argon oder Stickstoff, um die Oxidation der Bauteile zu vermeiden. Außerdem werden durch eine Absaugung und Schutzgasströmung über der Bauplattform der entstehende Schweißrauch und die Spritzer abgeführt [Yap15].

3. Postprocessing

Nach Beendigung des Herstellungsprozesses wird das restliche Metallpulver vom Bauteil entfernt und die Bauplattform mitsamt Bauteil aus der Anlage entnommen. Abschließend werden die Bauteile entsprechend der Anwendung teils wärmebehandelt, die Stützen entfernt, nachgearbeitet und/oder die Oberfläche gefinisht.

2.1.2 Verfahrensparameter

Der Gesamtenergieeintrag in das Pulverbett wird durch die direkt einstellbaren Verfahrensparameter gesteuert, worüber das Pulver aufgeschmolzen wird, und mit der darunter liegenden Schicht verschmolzen [Geb07, S. 164]. Die Bauteildichte, Oberflächenbeschaffenheit und Maßhaltigkeit der Bauteile werden durch den Energieeintrag und damit durch die in der Abbildung 2.2 aufgeführten LPBF-Verfahrensparameter beeinflusst [Mei99; Rol16].

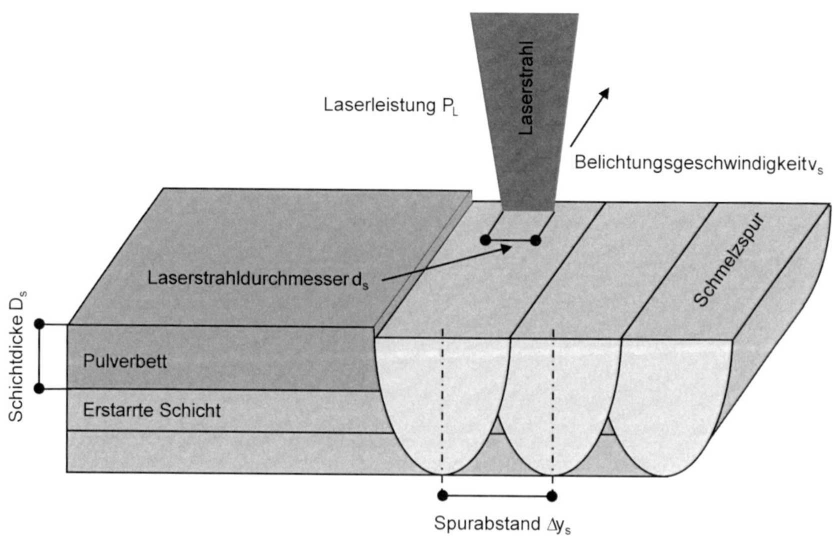

Abbildung 2.2: Schematische Darstellung der Verfahrensparameter des LPBF-Prozesses

In Abbildung 2.2 sind die folgend genannten LPBF-Verfahrensparameter schematisch dargestellt.

- Laserleistung (P_L),
- Belichtungsgeschwindigkeit (v_S),
- Schichtdicke (D_S),
- Spurabstand (Δy_S) sowie
- Laserstrahldurchmesser (d_S).

Aus diesen wird die rechnerische Volumenenergiedichte E_V gebildet, die häufig zum Vergleich von LPBF-Verfahrensparametersätzen herangezogen wird. Die Volumenenergiedichte E_V ist wie folgt definiert [Mei99]:

$$E_V = \frac{P_L}{V_A} \tag{4.1}$$

$$E_V = \frac{P_L}{D_S \cdot v_S \cdot \Delta y_S} \tag{4.2}$$

Die Aufbaurate V_A wird durch das Produkt aus Belichtungsgeschwindigkeit v_S, Spurabstand Δy_S und Schichtdicke D_S gebildet. Die Herstellungszeit von Bauteilen im LPBF-Prozess hängt im Wesentlichen von der Aufbaurate V_A ab, wodurch das aufgeschmolzene Material pro Zeiteinheit und damit die Herstellungsgeschwindigkeit des Bauteils bestimmt wird [Sch10]. Die Belichtungsgeschwindigkeit v_S wird auf die Geschwindigkeit, mit der die jeweiligen Belichtungsvektoren eines Bauteils mittels eines Laserstrahls belichtet werden, bezogen. Der Spurabstand Δy_S ist der Abstand zwischen zwei Belichtungsvektoren. Die Schichtdicke D_S stellt die Zustellung der neu aufzutragenden Pulverschicht der jeweiligen herzustellenden Bauteilschicht dar. Mit zunehmender Schichtdicke nimmt die Anzahl der Schichten für ein Bauteil ab. Jedoch verschlechtern höhere Schichtdicken im LPBF-Prozess die Bauteilqualität und die Maßhaltigkeit, da die Auflösung reduziert wird [Mei99]. Die jeweilige Anwendung und das dafür geforderte Material bestimmt die benötigte Volumenenergiedichte und damit die zu verwendenden LPBF-Verfahrensparameter, da immer eine Abwägung zwischen hoher Aufbaurate, Teilequalität und Maßhaltigkeit erfolgen muss [Yap15; Wen18a].

2.1.3 Pulverbeschichtungsprozess

Während des Pulverbeschichtungsprozesses wird eine neue Pulverschicht in einer vorher definierten Schichtdicke oberhalb der Bauplattform aufgetragen. Dies geschieht üblicherweise mit einem Pulverbeschichtungswerkzeug, womit oberhalb des Pulvervorrats Pulver aufgenommen und dann zur Bauplattform hingeschoben wird. Typische Pulverbeschichtungswerkzeuge sind Gummilippe, Klinge oder Bürste [Yap15]. Bei der hier genannten Pulverbeschichtungstechnik des Pulvers wird die zu beschichtende Menge an Pulver (Pulverzustellung (P_Z)) durch den Supplyfaktor S_F definiert, der abhängig von der realen aufzutragenden Schichtdicke und der tatsächlich zu belichtenden Fläche ist [Bri20]. Der Supplyfaktor S_F wird wie folgt definiert:

$$S_F = \frac{P_Z}{D_S} \tag{4.3}$$

Die reale Schichtdicke wird aus der eingestellten Schichtdicke plus das Einfallen der belichteten Bereiche gebildet. Belichtete Bereiche fallen aufgrund des Verhältnisses von Schüttdichte des Pulvers zur tatsächlichen Dichte des Materials ein [Mah19]. Eine weitere Einstellgröße des Pulverbeschichtungsprozesses ist die Pulverbeschichtungsgeschwindigkeit, womit das Pulver durch den Beschichter aufgetragen wird.

Während der Pulverbeschichtung treten innerhalb des vorgeschobenen Pulverbergs Interaktionen zwischen den einzelnen Partikeln und denen der Pulverschicht bzw. der Bauplattform selbst auf. Dadurch entsteht eine Relativbewegung der Pulverpartikel innerhalb des Pulverbergs, die zu Entmischungen führen kann [Seh21]. Zudem ist bei einem kreisförmigen Pulvervorrat der Pulverberg, der sich bei der Aufnahme des Pulvers vor dem Beschichter bildet, nicht gleichmäßig hoch, sondern wird halbelliptisch ausgebildet. Demnach ergibt sich der höchste Punkt in der Mitte des Pulverbergs, der nach außen hin elliptisch abfällt. Das kann durch die relativen Unterschiede der Partikelbewegungen auf Grund des Pulvermengenunterschiedes über die Pulverbeschichtungsbreite zusätzlich durch die auftretenden Fließ- und Schereffekte zu Entmischungen führen.

2.1.4 Verdampfungsverhalten und Schweißregime

Da die Siedetemperatur der vorhandenen Legierungselemente unterschiedlich sein kann, variiert auch der Anteil der verdampfenden Elemente während des LPBF-Prozesses. Welche Temperatur das Schmelzbad erreicht, hängt zum einen von den verwendeten Verfahrensparametern und zum anderen von dem Ausgangsmaterial ab [Blo82].

Bei der Verdampfung von Elementen wird eine Energieschwelle, bei der die Elemente gasförmig werden, durch die eingekoppelte Laserstrahlung überschritten. Die Verdampfung der Elemente erfolgt schrittweise über ein Aufschmelzen und anschließendes Verdampfen der flüssigen Phase oder durch direktes Sublimieren. Die Elemente können jeweils in verschiedenen Zuständen nebeneinander vorliegen. Die Verdampfungsschwelle (F_{th}) in [J/cm²] ist je nach Material unterschiedlich und wird mit Formel 2.2 beschrieben [Rud02].

$$F_{th} = \frac{\Delta H_S \cdot \rho}{(1 - R) \cdot \alpha \cdot M} \tag{4.4}$$

Die Schwellenenergie zur Verdampfung eines Elementes ist von dessen Dichte ρ, dem Reflexionsgrad R und damit der tatsächlich eingekoppelten Energie, der Sublimationsenthalpie ΔH_S (Summe aus Schmelz- und Verdampfungsenthalpie) sowie vom Absorptionskoeffizienten α und von der molaren Masse M abhängig. Die Sublimationsenthalpie wird maßgeblich vom jeweiligen chemischen Element bestimmt [Blo82; Rud02].

Beim Auftreffen von Laserstrahlung auf einen Festkörper wird diese absorbiert, reflektiert und/oder transmittiert. Der für den Schmelzprozess wesentliche Faktor ist der Anteil der Absorption. Bei Metallen beträgt die Eindringtiefe der Laserstrahlung im

Wellenlängenbereich von 1070 nm etwa 10^{-6}–10^{-8} mm. Somit wird die Laserstrahlung relativ zur thermischen Eindringtiefe an der Oberfläche absorbiert und in Wärme umgewandelt [Jau18]. Wird lokal genug Energie eingebracht, erfolgt der Übergang von der festen in die flüssige Phase. Bei weiterem Energieeintrag und damit dem Überschreiten der Schwellenenergie von Legierungselementen kann es zur partiellen Verdampfung kommen. Maßgeblich dafür ist die Intensität der eingebrachten Laserstrahlung [Sch12]. Ab einer Intensität von ca. 10^6 W/cm² tritt bei Metallen unter Verwendung von
CW-Laserstrahlung die Verdampfung ein [Ame96].

Aus der Schmelze verdampfendes Material verursacht eine Druckkraft normal zu dieser [Del90; Thi13a]. Übersteigt diese Kraft den Kapillardruck, entsteht durch Eindrückung der Schmelze eine Dampfkapillare, die im Engl. als Keyhole bezeichnet wird. Je nach Verhältnis dieser Effekte findet der LPBF-Prozess in unterschiedlichen Schweißregimen statt.

Solange keine Dampfkapillare auftritt, wird vom sogenannten Wärmeleitungsschweißen gesprochen, und beim Auftreten einer Dampfkapillare vom Einschweißen oder Tiefschweißen. Der Übergang vom Wärmeleitungsschweißen zum Einschweißen ist bei einem Aspektverhältnis von Tiefe zu Breite des Schmelzbades >1:1 und der Übergang vom Einschweißen zum Tiefschweißen bei >2:1 [Sch12; Kou03]. Beim Tiefschweißen steigt die Absorption der Laserstrahlung in der Dampfkapillare durch Mehrfachreflexion an.

In Simulationen [Thi13a; Kur84] und Hochgeschwindigkeitsröntgenaufnahmen [Kou03] der Dampfkapillare im LPBF-Prozess wird gezeigt, dass der Prozess in der Regel im Einschweißregime stattfindet.

2.2 Hochmanganstahl

2.2.1 Allgemein

HMnS sind Eisenbasislegierungen mit einem Mangangehalt von 15–30 Gew% und werden als Advanced High Strength Steels der zweiten Generation (AHSS II) eingestuft. Typische weitere Legierungselemente sind Kohlenstoff, Silizium und Aluminium [Haa19; Grä00; Coo11]. Legierungen mit höheren Aluminiumanteilen (3–12 Gew%) werden auch als "Triplex"-Stähle bezeichnet, die eine geringe Dichte, hohe Festigkeit und Duktilität aufweisen und sich ab ca. 5 Gew% Aluminium mehrphasig ausbilden [Köh20]. HMnS- und Triplex-Stähle erhalten die Eigenschaften durch eine austenitische (kubisch-flächenzentrierte, kfz) Matrix. [Haa19; Spr12].

In Abbildung 2.3 sind die verschiedenen Stahlsorten hinsichtlich der mechanischen Eigenschaften klassifiziert. Die zu anderen Stahlsorten vergleichbar hohen mechanischen Eigenschaften der AHHS II sind auf das Einsetzen von Verformungsmechanismen zurückzuführen [Bil17].

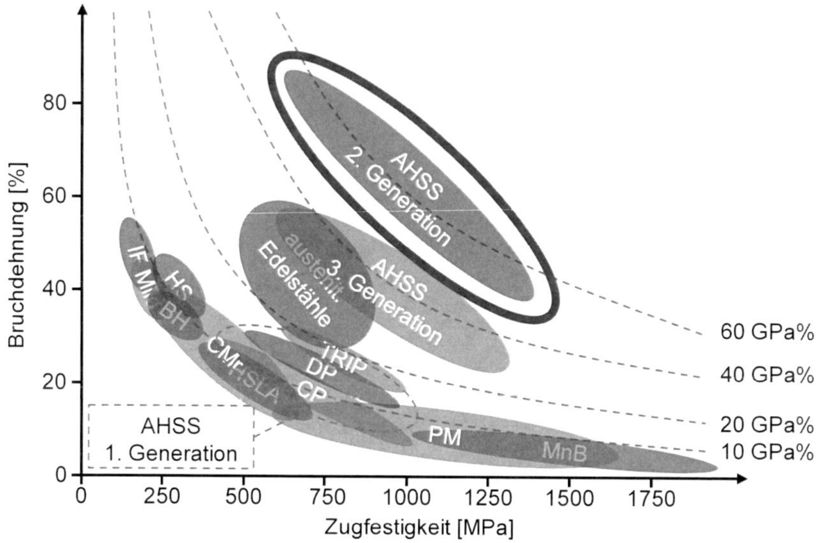

Abbildung 2.3: Banana Curve", Klassifizierung der verschiedenen Stahlarten hinsichtlich der mechanischen Eigenschaften Zugfestigkeit und Bruchdehnung nach [Bil18]

HMnS weisen ein besseres Verhältnis von Bruchdehnung zu Zugfestigkeit als die meisten anderen Stahlarten auf (s. Abbildung 2.3). Diese Kombination führt zu einem im Vergleich zu den anderen Stahlsorten erhöhten Energieabsorptionsvermögen. Deshalb werden HMnS insbesondere in der Automobilindustrie für Strukturbauteile in der Karosserie und als Komponenten zur Energieabsorption (bspw. Energieabsorber in Automobilen) eingesetzt [Haa19]. Für die besonderen Eigenschaften ist überwiegend das Einsetzen von Verformungsmechanismen, wie z. B. Transformation Induced Plasticity (TRIP) und Twinning Induced Plasticity (TWIP), verantwortlich.

TRIP erhöht die Festigkeit der Werkstoffe durch dehnungsinduzierte Umwandlung der metastabilen austenitischen Matrix in Martensit [Haa15]. TWIP induziert die Bildung von Verformungszwillingen. Die zusätzlich gebildeten Zwillingsgrenzen wirken als weitere Hindernisse für die Versetzungsbewegung während der plastischen Verformung, was zu einer Verfestigung führt und somit die oben genannten mechanischen Eigenschaften bewirkt [Haa15].

Die Änderung des Verformungsmechanismus ist auf eine Erhöhung der Stapelfehlerenergie (SFE) durch das Hinzufügen von Aluminium zurückzuführen. Somit wird ab einem Aluminiumgehalt von ca. 5 Gew% ein Wechsel vom TWIP zu Slip erreicht, was zu einer Änderung der mechanischen Eigenschaften führt [Köh20].

2.2.2 Legierungselemente

Nach Ohrndorf [Ohr11] ist die chemische Zusammensetzung neben der Temperatur der Hauptparameter für die SFE bei Stählen. Außerdem hat die Zusammensetzung direkten Einfluss auf die mechanischen Eigenschaften und die Verfestigungseffekte selbst. Die Hauptbestandteile von HMnS sind Eisen, Mangan und Kohlenstoff, legiert mit Aluminium und/oder Silizium. Im Folgenden werden die beiden für diese Arbeit relevanten Legierungselemente Mangan und Aluminium genauer hinsichtlich ihrer Eigenschaften im HMnS erläutert.

Mangan ist neben Eisen das Hauptlegierungselement in HMnS mit einem Massenanteil von 15–30 Gew%. Durch den Mangangehalt wird erreicht, dass das Gefüge bei Raumtemperatur metastabil austenitisch vorliegt, was das Auftreten der Verformungsmechanismen TRIP und TWIP erst ermöglicht. Außerdem ist Mangan ein wirksames Desoxidationsmittel, bindet unerwünschten Schwefel und setzt die kritische Abkühlgeschwindigkeit zur Bildung von Martensit herunter. [Ble09, S. 38]

Aluminium ist neben Silizium das wichtigste Desoxidationsmittel. Durch Aluminium werden zudem in Verbindung mit Stickstoff AlN-Verbindungen gebildet, die als Kornbildner zur Kornverfeinerung genutzt werden. Speziell bei HMnS wird Aluminium zum Einstellen der Verformungsmechanismen TRIP und TWIP verwendet. Durch Änderung des Aluminiumgehaltes der Legierung kann gezielt eingestellt werden, welche Mechanismen bei der Verformung ablaufen. Ab ca. 5 Gew% Al tritt zudem die Bildung von Ferrit im Gefüge auf und das Gefüge wechselt von einem einphasigen austenitischen Gefüge in ein austenitisch-ferritisches Duplexgefüge. [Ble09, S. 52]

In Tabelle 2.1 wird eine Übersicht einiger Materialeigenschaften der in dieser Arbeit relevanten Elemente und chemischen Verbindungen gegeben.

Tabelle 2.1: Chemische und Physikalische Eigenschaften der in dieser Arbeit relevanten Elemente und chemische Verbindungen [Grü15]

	Eisen (Fe) [Grü15, S. 4–19]	**Mangan (Mn)** [Grü15, S. 4–21]	**Aluminium (Al)** [Grü15, S. 4–5]	**Aluminiumoxid (Al_2O_3)** [Grü15, S. 4–45]
Schmelz-temperatur	1538 °C	1246 °C	660,32 °C	2054 °C
Siedetem-peratur	2861 °C	2061 °C	2519 °C	2977 °C
Dichte	7,874 g/cm³	7,47 g/cm³	2,7 g/cm³	3,99 g/cm³
Schmel-zenthalpie	13,8 kJ/mol	12,05 kJ/mol	10,79 kJ/mol	15,48 kJ/mol
Verdamp-fungsent-halpie	349,6 kJ/mol	226 kJ/mol	293,4 kJ/mol	361,03 kJ/mol

Aluminium hat mit 660,32 °C die niedrigste und Eisen mit 1538 °C die höchste Schmelztemperatur der hier aufgeführten Elemente. Die Siedetemperatur ist mit 2061 °C am niedrigsten bei Mangan und mit 2861 °C am höchsten bei Eisen. Die Dichte von Mangan und Eisen ist etwa dreimal so hoch wie die von Aluminium. Die Schmelztemperatur und Verdampfungstemperatur von Aluminiumoxid liegt mit 2050 °C und 2977 °C über denen der in dieser Arbeit verwendeten Legierungselemente. Das ist relevant für den LPF-Prozess, sobald elementares Aluminium oder Aluminiumlegierungen verarbeitet werden, da das zu verwendende Pulver vorab oxidiert und somit von einer Aluminiumoxidschicht umschlossen ist, die bei der Verarbeitung aufgeschmolzen werden muss [Rom22].

2.2.3 Anwendungen

Die mechanischen Eigenschaften von HMnS (Zugfestigkeit > 1000 MPa, Bruchdehnung > 60 %) eröffnen ein breites Spektrum an Anwendungsmöglichkeiten. Sie ermöglichen die Konstruktion von Bauteilen mit reduziertem Gewicht im Vergleich zu anderen Stahlklassen, ohne die Stabilität zu beeinträchtigen. Dies bietet die Möglichkeit für eine Emissionsreduzierung beim Einsatz von HMnS in Mobilitätsanwendungen [Coo12; Grä00]. Eine weitere Anwendung, für die HMnS verwendet werden können, sind die sogenannten Energieabsorber in Automobilen. Energieabsorber sind Sicherheitsbauteile, die bei einem Unfall die Aufprallenergie absorbieren sollen. In der Praxis werden HMnS bisher nur für wenige Anwendungen eingesetzt. Gründe dafür sind die relativ hohen Legierungskosten [Woh21, S. 91] und die begrenzte Möglichkeit HMnS mit herkömmlichen Verfahren herzustellen [Haa19; Bil17]. Auftretende Makroseigerungen können zu inhomogenen Werkstoffeigenschaften führen, die aufwendige und kostenintensive thermische oder thermomechanische Nachbehandlungen erfordern. Bei Legierungen mit Aluminium reagiert dieses während des Gießens mit der feuerfesten Umhüllung, was zu Beschädigungen oder Auflösungen führt und in kürzeren Abständen erneuert werden muss [Li11; Daa11; Leh13].

2.2.4 Laser Powder Bed Fusion

HMnS ist aufgrund der austenitischen Matrix mittels LPBF mit rel. Dichten > 99,5 % verarbeitbar [Haa17a; Kie18; Ewa19a; Köh20; Köh19]. Im Folgenden wird auf die drei wichtigsten Vorarbeiten dieser Arbeit genauer eingegangen.

In der Arbeit von Haase et al. [Haa17a] wird erstmals gezeigt, dass der HMnS X30Mn22 mittels LPBF verarbeitet werden kann. Bei Volumenenergiedichten von 75 bis 105 J/mm³ in der Verfahrensparameterrange von D_S = 30–60 µm, P_L = 120–250 W, v_S = 600–1000 mm/s und Δy_S = 70–100 µm werden rel. Dichten > 99,5 %. Außerdem wird nachgewiesen, dass Seigerungen während der Verarbeitung mittels LPBF durch die hohen Abkühlraten (ca. 10^{-6} K/s) reduziert werden im Vergleich zum herkömmlichen Stranggießen von X30Mn22. An den mechanischen Eigenschaften wird zudem eine Anisotropie in Aufbaurichtung festgestellt und die höchste Bruchdehnung mit ca. 35 % wird in 90° Aufbaurichtung (orthogonal zur Bauplattform) erzielt. Als Grund dafür wird das in Richtung des Energieeintrages ablaufende Kornwachstum genannt. Die in Aufbaurichtung orientierten Körner begünstigen das Eintreten von TRIP und TWIP bei Verformung in Aufbaurichtung, wodurch eine größere Verfestigung und damit Bruchdehnung in dieser Orientierung erreicht wird. [Haa17a]

Die Verarbeitbarkeit des Legierungssystems X30Mn22 + 5 Gew% Aluminium wird erstmals in der Arbeit von Ewald et al. [Ewa19a] gezeigt. Darin wird zum einen nachgewiesen, dass die LPBF-Verfahrensparameter von X30Mn22 aus [Haa17a] auf die Legierung mit 5 Gew% Aluminium angewendet werden können und dass die Verformungsmechanismen TRIP, TWIP und Slip in Abhängigkeit vom Aluminiumgehalt in dem Legierungssystem auftreten. Mit den aus [Haa17a] übertragenen LPBF-Verfahrensparametern wird eine rel. Dichte von > 99,85 % und Zugfestigkeiten von 800 MPa bei einer Bruchdehnung von 30 % erreicht. In der Spannungs-Dehnungskurve von X30Mn22 + 5 Gew% ist eine Einschnürung vor dem Bruch zu erkennen, wohingegen bei den Legierungen mit 0 und 1 Gew% Aluminium keine Einschnürung vor dem Bruch stattfindet. Durch EBSD-Messungen wird nachgewiesen, dass die Veränderung des Materialverhaltens auf einen Wechsel der vorwiegend eintretenden Verformungsmechanismen zurückzuführen ist. In Abbildung 2.4 sind EBSD-Messungen des Gefüges der Zugproben nach dem Bruch dargestellt.

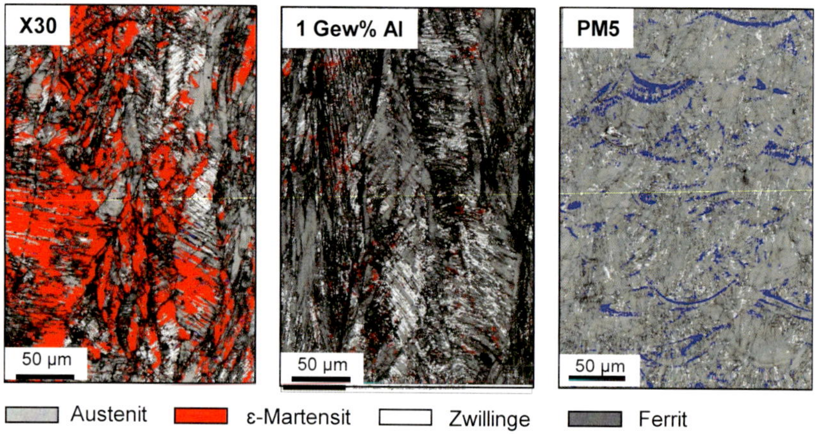

Abbildung 2.4: EBSD-Messungen der Phasenverteilung an Zugproben im verformten Zustand a) X30, b) 1 Gew% Al und c) PM5 nach [Ewa19a]

Bei X30Mn22 wird vorwiegend der Verformungsmechanismus TRIP, bei 1 Gew% Aluminium TWIP und bei 5 Gew% Aluminium TWIP und Slip festgestellt.

Untersuchungen der Mikrostruktur und der Verteilung der Elemente in den Probekörpern aus X30Mn22 + 0–5 Gew% Aluminium werden in der Arbeit von Köhnen et al. [Köh20] vorgenommen. Bis 4 Gew% ist das Gefüge der Probekörper einphasig austenitisch und mit zunehmendem Aluminiumgehalt wechselt das Gefüge in ein zweiphasiges ferritisch-austenitisches Duplexgefüge. Durch EDX-Mappings wird ein Seigerungsverhalten des Aluminiums an den Schmelzbadrändern beobachtet und auf einen Effekt namens „Banding“ [Mes99] zurückgeführt. Das Banding beschreibt einen Effekt, der durch thermische Schwankungen im Schmelzbad eine Anreicherung des Aluminiums im Schmelzbadrand bewirkt. Die ferritischen Bereiche im Gefüge der Probekörper korrelieren mit den Schmelzbadrändern, wo der Aluminiumgehalt größer ist als innerhalb der Schmelzbäder.

2.3 Legierungsentwicklung im Laser Powder Bed Fusion

2.3.1 Konventionell

Nachdem hinsichtlich der Anwendung vielversprechende Legierungssysteme mittels thermodynamischen Modellen gefunden werden, werden zur Untersuchung der erreichbaren Eigenschaften nach der Verarbeitung mittels LPBF konventionell vorlegierte Pulver eingesetzt [Voc19]. Bei deren Herstellung werden sämtliche Legierungselemente miteinander aufgeschmolzen und anschließend als Legierung verdüst. Die beiden meistverwendeten Verdüsungsverfahren sind das VIGA-Verfahren (Vacuum Induction Melting Gas Atomization) und das EIGA-Verfahren (Electrode Induction Melting Gas Atomization). Beim VIGA-Verfahren wird die Legierung zuerst in einen Tiegel gegeben, danach unter Vakuum aufgeschmolzen und anschließend verdüst. Dagegen wird beim EIGA-Verfahren vorab eine Elektrode (Stab) mit der gewünschten Legierungszusammensetzung hergestellt und dann durch Abschmelzen der Elektrode mittels Lichtbogens verdüst [Cle21]. Somit muss jede einzelne zu untersuchende Legierungszusammensetzung separat hergestellt werden, um diese anschließen zu verarbeiten und hinsichtlich der Verarbeitbarkeit mittels LPBF untersuchen zu können [Bou16].

2.3.2 Rapid Alloy Development

Rapid Alloy Development (RAD) ist ein neuer Ansatz, um schnell und flexibel eine Vielzahl von verschiedenen Materialzusammensetzungen zu screenen, und bietet Potential, die Legierungsentwicklung mit und für AM schneller und effizienter zu machen [Mos21]. Die Grundlage hierfür ist die Verwendung von Pulvermischungen anstatt konventionell vorlegierten Pulvern. Dabei werden Pulvermischungen aus vorlegierten und/oder elementaren Pulvern erzeugt und damit die gewünschte Legierungszusammensetzung dezentral eingestellt. Somit werden die Sonderverdüsungen der zu untersuchenden Legierungszusammensetzung umgangen, da die Legierungselemente direkt an der Anlage gemischt werden und somit die gewünschten Legierungszusammensetzungen eingestellt werden können [Kni21; Ewa19b; Mel20].

In Abbildung 2.5 wird der schematische Ablauf des RAD nach Haase [Haa17b] mit dessen charakteristischen zwei Schritten, dem High-Throughput-Screening und dem Deepscreening, dargestellt.

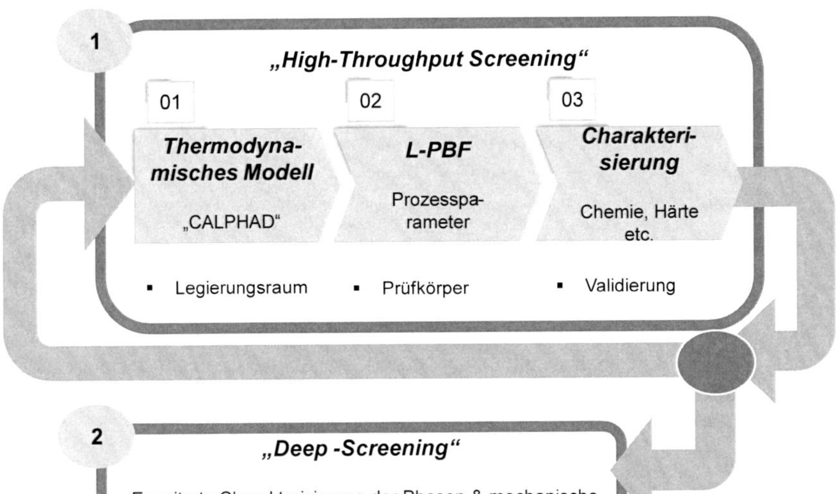

Abbildung 2.5: Schematischer Ablauf des RAD mit den beiden charakteristischen Schritten „High-Throughput Screening“ und dem „Deep-Screening“ nach [Haa17b]

Beim „High-Throughput-Screening“ (1) werden drei wesentliche Schritte durchlaufen. Im ersten Schritt wird der vielversprechendste Legierungsraum mittels thermodynamischer Modelle und Datenbanken, wie bspw. CALPHAD (Computer Coupling of Phase

Diagrams and Thermochemistry), entsprechend der Anforderungen und der gewünschten Eigenschaften ermittelt. Danach folgt der Schritt, in dem die Prüfkörper der verschiedenen Zusammensetzungen mittels LPBF hergestellt und letztlich charakterisiert werden. Dafür werden die entsprechenden Legierungszusammensetzungen anhand von Pulvermischungen hergestellt und anschließend verarbeitet. In Abbildung Abbildung 2.6 ist das Vorgehen des Screenings mittels Pulvermischungen im LPBF schematisch am Beispiel eines FeNiCoMnAlC-Systems abgebildet. Dieser Teil läuft in den Schritten 2 und 3 beim RAD nach [Haa17b].

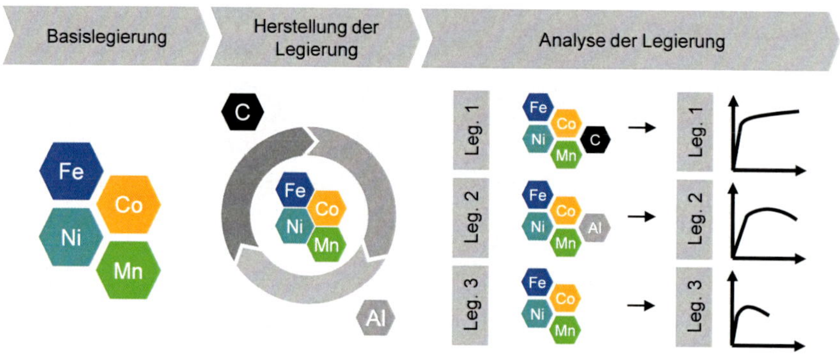

Abbildung 2.6: Schematischer Ablauf des Screenings mittels Pulvermischungen mit den drei wesentlichen Schritten nach [Ewa19b]

Zuerst wird die Basislegierung erzeugt bzw. festgelegt. Die Basislegierung definiert den Startpunkt des Legierungsraums. Die Basislegierung kann sowohl ein vorlegiertes Pulver als auch eine Pulvermischung darstellen [Ewa19b]. Anschließend werden die vorher definierten Legierungszusammensetzungen über eine gezielte Anpassung einzelner Legierungselemente durch das Hinzumischen von Pulvern erzeugt. Das Mischen erfolgt üblicherweise durch einen Taumelmischer (s. Kapitel 2.4.3). Abschließend werden die Probekörper aus der Pulvermischung im LPBF-Prozess hergestellt.

Beim High-Throughput-Screening wird zunächst untersucht, ob die erzeugten Legierungen den vorher definierten Anforderungen entsprechen. Dafür werden Querschliffe und Härtemessungen durchgeführt. Anschließend werden die vielversprechendsten Legierungssysteme im sogenannten Deepscreening genauer untersucht. In diesem Schritt werden weitere mechanische Untersuchungen wie z. B. Zugversuche und Mikrostrukturuntersuchungen durchgeführt [Haa17b].

2.3.3 Weitere Ansätze

Bisher sind wenige Ansätze für das Legierungsdesign im LPBF in der Literatur beschrieben. Neben dem RAD existiert ein weiterer Ansatz zur Legierungsentwicklung mit und für das LPBF, das sogenannte NADFAM (novel alloy development for additive manufacturing) [Ack21]. Dieser Ansatz basiert ähnlich wie das RAD auf der Verwendung von Pulvermischungen, um unabhängig vom Verdüsungsprozess zu sein. Beim NADFAM wird allein der Teil des „High-Throughput Screening" vom RAD abgedeckt. In Abbildung 2.7 ist das Vorgehen schematisch abgebildet.

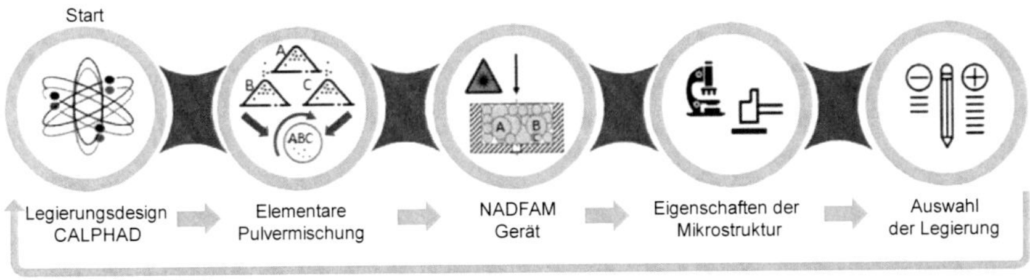

Abbildung 2.7: Schematischer Ablauf bei der Legierungsentwicklung unter Verwendung von NADFAM nach Ackers et al. [Ack21]

Im Wesentlichen werden die beiden Ansätze in der Herstellung und Geometrie der Probekörper unterschieden, da beim NADFAM eine eigens dafür entwickelte Herstellungskammer genutzt wird. Ähnlich wie beim „High-Throughput-Screening" innerhalb des RAD nach [Haa17b] wird zuerst mittels thermodynamischer Modelle und Datenbanken ein vielversprechender Legierungsraum hinsichtlich der Anforderungen definiert und danach die entsprechenden Legierungszusammensetzungen mittels Pulvermischungen erzeugt. Darauf folgt die Verarbeitung in einer speziell dafür entwickelten Vorrichtung. In eine Metallplatte werden 28 Kammern eingelassen, in welche die Pulvermischungen eingefüllt und anschließend unter Inertgas-Atmosphäre mittels Laserstrahlung verschmolzen werden. Danach werden die verschiedenen erzeugten Legierungen hinsichtlich unterschiedlicher Kriterien (rel. Dichte, Oberflächenqualität, chemischer Verteilung der Elemente etc.) analysiert und bewertet [Ack21]. Der Vorteil von NADFAM ist, dass so innerhalb eines Durchlaufs 28 verschiedene Legierungszusammensetzungen verarbeitet und anschließend ausgewertet werden können. Der Nachteil besteht darin, dass die Abkühlbedingungen und andere Umgebungseinflüsse sich vom herkömmlichen LPBF-Prozess unterscheiden.

2.4 Pulvermischungen im Laser Powder Bed Fusion

2.4.1 Mischmethoden

Zur Herstellung von Pulvermischungen für das LPBF sind in der Literatur verschiedene Methoden und Ansätze zu finden. Im Wesentlichen werden diese Methoden in den Bindungsmechanismen zwischen den Partikeln unterschieden, hinsichtlich der Frage, ob die Partikel mechanisch, physikalisch und/oder chemisch miteinander verbunden werden. Die drei meistverwendeten Mischverfahren zur Herstellung von Pulvermischungen für den LPBF-Prozess sind nach [Mos21]:

- Satelliten-Mischen,
- mechanisches Legieren sowie
- Trockenmischen.

Beim Satelliten-Mischen werden kleinere Partikel, meist mit einer Größe im Nanometerbereich, auf das Basispulver aufgebracht. Dabei haften die hinzugefügten Partikel aufgrund von Van-der-Waals-Kräften oder durch Sintern an der Oberfläche der Partikel des Basispulvers an [Sim18]. Dadurch können das Mischverhältnis und die Verteilung der hinzugefügten Pulver präzise im Basispulver eingestellt und Entmischungen beim weiteren Handling sowie während des LPBF-Prozesses reduziert werden, da die Partikel miteinander durch Bindungsmechanismen verbunden sind [Kus20]. Außerdem wird in der Literatur gezeigt, dass durch den Größenunterschied der Partikel diese gleichmäßiger während des Umschmelzvorgangs in Lösung mit der Basislegierung gehen [Kni21; Str16].

Ein weiterer Mischprozess ist das sogenannte mechanische Legieren, in dem die zusammengemischten Pulver über einen zusätzlichen Energieeintrag, bspw. das Kaltschweißen, miteinander verbunden werden. Durch diesen Mischprozess wird die Form der Partikel verändert und dadurch kann das Fließverhalten beeinflusst werden. Außerdem ist für das mechanische Mischen eine spezielle Anlagentechnik nötig [Bha97; Son00, S. 6–10]. Stand heute kann keine Aussage über die Qualität und Eigenschaften hinsichtlich der Verarbeitbarkeit mittels LPBF der mechanisch gemischten Pulvermischungen getroffen werden. In der Literatur wird lediglich gezeigt, dass mechanisch gemischte Pulver im LPBF genutzt werden können [Zhu13; Gle20; Sae21; Bra21; Zha20b; Dzo20; Zen19].

Das im LPBF meistverwendete Mischverfahren ist das sogenannte Trockenmischen von Pulvern (s. Kapitel 2.4.3). Dabei werden über gegeneinander rotierende Bewegungen die Pulver miteinander vermischt, ohne Kräfte oder andere zusätzliche Bindungsmechanismen einzubringen bzw. zu nutzen. Typischerweise werden für das Trockenmischen von Pulvern für das LPBF Taumelmischer verwendet. Nach der Herstellung der Pulvermischungen können bei weiteren Prozessschritten Entmischungen auftreten, bspw. beim Einfüllen in die Anlage und beim Pulverauftrag, da keine Bindungsmechanismen zwischen den Pulvern existieren. Pulver können unmittelbar vor dem Einfüllen in die Anlage gemischt werden. Außerdem bestehen keine Anforderungen an die zu verwendenden Pulver; auch eine vorherige Präparation der Pulver ist nicht notwendig. Somit können alle herkömmlichen LPBF-Pulver trockengemischt werden [Zha13b].

2.4.2 Bewertung der Pulvermischmethoden

Bei der Herstellung der Pulvermischungen besteht das Ziel darin, die verschiedenen Pulver gleichmäßig miteinander zu vermischen und das Auftreten von Akkumulationen zu vermeiden. Dafür werden in der Literatur verschiedene Mischmethoden verwendet. Die meistverwendeten Mischmethoden sind das Trockenmischen, das Satelliten-Mischen und das mechanische Legieren. Jede dieser Methoden hat Vor- und Nachteile, weshalb nicht endgültig geklärt ist, welche Mischmethode am besten für die Herstellung von Pulvermischungen im LPBF geeignet ist. Um hierfür einen Überblick zu geben und die Mischmethoden bewerten und miteinander vergleichen zu können, sind in Tabelle 2.2 deren Vor- und Nachteile abgeleitet aus dem Stand der Technik (s. Kapitel 2.4.1) und der Literaturrecherche (s. Kapitel 2.4.3) gegenübergestellt.

Welche Mischmethoden für die Herstellung der Pulvermischungen verwendet werden sollten, hängt von der entsprechenden Anwendung ab. Allerdings scheint das Trockenmischen von Pulvern insbesondere für das Legierungsdesign am vielversprechendsten, da diese Mischmethode flexibel und schnell ist. Außerdem stellt das Trockenmischen keine gesonderten Anforderungen an die verwendeten Pulver und die benötigte Anlagentechnik. Dagegen bietet das Mischen mittels Satellitenmischen zum Einstellen der mechanischen Eigenschaften und hinsichtlich der Reproduzierbarkeit der Ergebnisse das größte Potential, ist dafür aber vergleichsweise unflexibel und die Herstellung von Pulvermischungen ist aufwendiger als beim Trockenmischen.

Tabelle 2.2: Vor- und Nachteile der meistverwendeten Mischmethoden zur Herstellung von Pulvermischungen für den LPBF-Prozess auf Basis der in Kapitel 2.4.1 aufgezeigten Literatur

Mischmethoden	Vorteile	Nachteile
Trockenmischen	• Keine aufwendige Anlagentechnik nötig • Kein Expertenwissen nötig • Wenige Anforderungen an die Pulver • Unabhängig vom Mischungsverhältnis verwendbar • Unabhängig von der Anzahl der Pulverkomponenten	• Verteilung der Partikel nicht reproduzierbar • Keine Bindung zwischen den Pulverpartikeln • Entmischungen treten bei weiterem Handling und der Verarbeitung auf
Satellitenmischen	• Die Mischung kann definiert und reproduzierbar hergestellt werden • Die Entmischung der Pulver beim weiteren Handling wird durch eine Bindung der Partikel vermieden	• Aufwendige Anlagentechnik und Expertenwissen nötig • Höhere Anforderungen an die Pulver wie definierte PSD, Sphärizität etc. • Nicht jedes Mischungsverhältnis kann hergestellt werden • Hauptsächlich nur für die Herstellung binärer Pulvermischungen geeignet • Durch Satellitenbildung kann die Fließfähigkeit negativ beeinträchtigt werden
Mechanisches Legieren	• Kein Expertenwissen nötig • Unabhängig vom Mischungsverhältnis verwendbar • Unabhängig von der Anzahl der Pulverkomponenten • Die Entmischung der Pulver beim weiteren Handling wird durch eine Bindung der Partikel vermieden	• Aufwendige Anlagentechnik nötig • Verteilung der Partikel nicht reproduzierbar • Nicht für alle Pulver geeignet • Pulvermorphologie wird verändert und damit das Fließverhalten beeinflusst

2.4.3 Verwendung von Pulvermischungen im LPBF-Prozess

In der Literatur sind bisher ca. 70 Veröffentlichungen zum Thema der Verwendung von Pulvermischungen im LPBF zu finden. Der Trend ist steigend und von 2020–2022 hat sich die Anzahl an Arbeiten zum Thema Pulvermischungen verdoppelt. Davon werden in fünf Arbeiten die Unterschiede zwischen Pulvermischungen und vorlegierten Pulvern behandelt [Vor15; Dzo20; Zha20b; Tar20; Sim18]. Eine komplette Übersicht inkl.

der jeweilig verwendeten Pulver/Materialien, der Mischmethode, der Zielsetzung und der daraus resultierenden Erkenntnisse der bisherigen Arbeiten zum Thema Pulvermischungen ist im Anhang in Tabelle 17.1 gegeben.

Die wesentliche Erkenntnis aus diesen Arbeiten ist, dass Pulvermischungen hauptsächlich genutzt werden, um Legierungen mittels LPBF zu verarbeiten und die Eigenschaften der daraus resultierenden Probekörper analysieren zu können. Dadurch kann der Schritt einer kosten- und zeitintensiven Sonderverdüsung zur Herstellung der Legierung in Pulverform umgangen werden.

In der Literaturübersicht wird gezeigt, dass die Verwendung von Pulvermischungen (aus vorlegierten und/oder elementaren Pulvern) prinzipiell ein vielversprechender Ansatz ist, um neue Materialzusammensetzungen für den LPBF-Prozess schnell und kostengünstig herzustellen, zu verarbeiten und anschließend untersuchen zu können. Die Legierungsbildung der Elemente erfolgt dabei während des Umschmelzvorgangs mittels Laserstrahlung und nicht vorab bei der Pulverherstellung.

Im Folgendem werden die fünf Arbeiten detaillierter betrachtet, in denen bereits ein erster Vergleich von vorlegiertem Pulver zu Pulvermischungen gezogen wird. Die Vergleiche beziehen sich hauptsächlich auf die Verteilung der Elemente im Schmelzbad und die erzielbaren mechanischen Eigenschaften.

Vora et al. [Vor15] verglichen erstmals die Eigenschaften von vorlegierten Pulvern mit denen von Pulvermischungen, wobei das definierte Ziel der Arbeit weniger der Vergleich der beiden Zustände als vielmehr die Reduzierung des Verzuges und der inneren Spannung nach der Verarbeitung durch das Hinzugeben eines weiteren Elementes ist. Als Hauptunterschied wird festgestellt, dass innerhalb der Schmelzbäder die Verteilung der Elemente von Pulvermischungen im Vergleich zu denen von vorlegierten Pulvern abweichen und deshalb ein gröberes Gefüge mit größeren Dendriten und Körnern ausgebildet wird. Außerdem wird gezeigt, dass Pulvermischungen einen vielversprechenden Ansatz zur Legierungsentwicklung darstellen.

Simonelli et al. [Sim18] untersuchen die Unterschiede verschiedener Mischzustände im Kontext der Verarbeitung mittels LPBF. Dafür wird trockengemischtes, satelllitengemischtes und vorlegiertes Ti-Al6-V4 Pulver verarbeitet und die hergestellten Probekörper hinsichtlich der chemischen Verteilung untersucht. Die Haupterkenntnis besteht hierbei darin, dass mit einer Vergrößerung der hinzugemischten Partikel die Verteilung der Elemente inhomogener wird. Somit wird bei den Probekörpern aus trockengemischtem Pulver die inhomogenste und bei den Probekörpern aus vorlegiertem Pulver die homogenste Verteilung der Elemente festgestellt. Das ist auf die Größe der hinzugefügten Partikel zurückzuführen sowie die benötigte Zeit und Größe der Schmelzbäder, die dafür aufgebracht werden muss, um eine ausreichende Durchmischung der Legierungselemente zu erreichen. Beim vorlegierten Pulver ist die Durchmischung durch die bereits bestehende Lösung der Elemente innerhalb der Matrix im Pulver schon vorab gegeben.

Taruttis et al. [Tar20] betrachten den Unterschied einer Pulvermischung aus sphärischem Eisenpulver mit gemahlenem Ferroalloy und einem vorlegiertem Pulver gleicher chemischer Zusammensetzung. Bei den Untersuchungen wird festgestellt, dass die Pulvermischung verarbeitbar ist und die Härte der aus vorlegiertem Pulver hergestellten Probekörper eine um 150 HV geringere Härte als die aus der Pulvermischung hergestellten Probekörper und der Referenzproben aufweisen. Allerdings werden die Ferroalloypartikel aufgrund der ungleichmäßigen Form und Größe teilweise nicht komplett umgeschmolzen, was zu einer ungleichmäßigen Verteilung der Legierungselemente führt. Geschlussfolgert wird, dass Ferroalloy in gemahlener Form für den LPBF-Prozess nutzbar und mit rel. Dichten > 99,5 % verarbeitbar ist. Jedoch müssen dafür die Verfahrensparameter in Richtung höherer Volumenenergiedichten angepasst werden, um ein vollständiges Umschmelzen der Ferroalloypartikel zu gewährleisten.

Zhao Wang et al. [Zha20b] stellen Probekörper aus vorlegiertem Pulver und aus einer Pulvermischung mit der Zusammensetzung Cu-15Ni-8Sn her. Ziel der Arbeit ist es, zu untersuchen, ob Pulvermischungen als Ausgangsmaterial für den LPBF-Prozess nutzbar sind. Dabei wird festgestellt, dass die Pulvermischungen verarbeitbar sind und die Mikrostruktur in den Probekörpern aus der Pulvermischung ähnlich ausgebildet wird wie bei den Probekörpern aus vorlegiertem Pulver. Der Unterschied zwischen den Probekörpern aus dem vorlegierten Pulver und der Pulvermischung ist hauptsächlich die ungleichmäßigere Verteilung der Legierungselemente im Gefüge. Diese führt zu einer geringeren Härte der Probekörper aus der Pulvermischung, da die Nickelausscheidungen nicht so gleichmäßig verteilt sind wie bei den Probekörpern aus vorlegiertem Pulver. Geschlussfolgert wird, dass Pulvermischungen nutzbar sind, aber noch weitere Untersuchungen folgen müssen, um die Ergebnisse besser interpretieren und validieren zu können.

Dzogbewu et al. [Dzo20] untersuchen eine Ti15Mo Legierung für die Anwendung bei biomedizinischen Bauteilen und vergleichen dafür eine Pulvermischung mit einem vorlegiertem Pulver nach der Verarbeitung mittels LPBF. Diese Legierung kann nur unzureichend mit herkömmlichen Methoden (Vakuum-Lichtbogenschmelzen) hergestellt werden. Die Reaktivität der Metalle führt zu Defekten und Inhomogenitäten in der Mikrostruktur. Rasterelektronenmikroskopie REM-Aufnahmen zeigen, dass die Molybdänpartikel bei der Pulvermischung nicht homogen in der Titanmatrix verteilt sind und nicht ausreichend aufgeschmolzen werden. Dagegen wird bei dem vorlegierten Pulver keine ungleichmäßige Verteilung des Molybdäns im Gefüge festgestellt. Die inhomogene Verteilung des Molybdäns wird auf die Konvektionsströmung im Schmelzbad und das unzureichende Umschmelzen zurückgeführt. Das unzureichende Umschmelzen wird mit dem deutlich höheren Schmelzpunkt, der höheren Dichte und der höheren Reflektion der Laserstrahlung des Molybdäns erklärt. Daher wird gefolgert, dass eine Kontrollierbarkeit bzw. Verlangsamung des Erstarrens der Schmelze zu einem vollständigen Umschmelzen aller Partikel in der Pulvermischung führen kann. Ebenso kann die Verwendung von kleineren Molybdän Partikeln zu besseren Ergebnissen führen.

Zusammenfassend kann auf Basis der aktuellen Literaturauswertung gesagt werden, dass Pulvermischungen zunehmend im LPBF-Prozess eingesetzt werden und eine vielversprechende Möglichkeit bieten, schnell und effizient neue Legierungen herzustellen, zu verarbeiten und zu untersuchen. Außerdem wird auf das Potential hinsichtlich der Legierungsentwicklung aufmerksam gemacht. In wenigen Arbeiten werden Probekörper aus vorlegierten Pulvern und Pulvermischungen untersucht und verglichen. Dabei wird gezeigt, dass bei Pulvermischungen im Gegensatz zu vorlegierten Pulvern die hinzugemischten Elemente nach der Verarbeitung nicht so homogen im Gefüge verteilt sind und Pulverpartikel teilweise nicht komplett aufgeschmolzen werden. Daraus resultieren Unterschiede in den Eigenschaften der hergestellten Probekörper.

3 Problemstellung, Zielsetzung und Vorgehensweise

3.1 Problemstellung

Während bei der Anlagentechnik und dem Bauteildesign für den LPBF-Prozess bereits ein hoher Reifegrad erreicht werden konnte [Ver19], ist das Spektrum an verfügbaren Legierungen gering, obwohl die meisten Metalle und deren Legierungen verarbeitbar sind [Lad21]. Derzeit werden nur wenige Legierungen im LPBF eingesetzt [Gu12; Her16; Lew16]. Die meisten dieser Legierungen sind ursprünglich für konventionelle Verarbeitungsverfahren entwickelt (z. B. 316L-Edelstahl [Wan18a; Nie13], 17-4 PH Edelstahl [Mur12; Spi14], 18Ni300 Maraging Stahl [Cas15; Tan17a], AlSi10Mg [Thi13b; Bra12], Inconel 625/718 [Ama12; Li15] und Ti6Al4 [Thi10; Kum18]) und allein auf den LPBF-Prozess übertragen worden. Um das Potenzial des LPBF-Verfahrens voll auszuschöpfen, ist jetzt die Entwicklung neuer, prozessangepasster Legierungen notwendig und eine der aktuell größten Herausforderungen in Wissenschaft und Technik [Yad21]. Die sich hieraus ergebenden Möglichkeiten und Potentiale sind am Beispiel von Scalmalloy zu sehen. Scalmalloy ist eine der wenigen Legierungen, die explizit für den LPBF-Prozess entwickelt wurde. Diese Legierung ist ausschließlich mittels LPBF verarbeitbar und daraus hergestellte Probekörper erreichen durch die speziellen Prozesscharakteristiken des LPBF und nachfolgende Wärmebehandlungen Zugfestigkeiten von bis zu 530 MPa bei einer Bruchdehnung von 13–15 % [Kuo21]. Im Vergleich dazu werden mit der am meistverwendeten Aluminiumlegierung (AlSi10Mg) im LPBF Festigkeiten von bis zu 430 MPa bei einer Bruchdehnung von max. 8 % erreicht und einer geringeren Warmfestigkeit.

Bislang werden hauptsächlich vorlegierte Pulver oder Pulvermischungen, die aus zwei ähnlichen Materialien bestehen (z. B. Ti und TiC oder TiB), im LPBF verwendet, um Prozessstabilität und chemische und mikrostrukturelle Homogenität bei reproduzierbaren Eigenschaften zu gewährleisten. Additiv hergestellte TiC/TiB-verstärkte Titan-Matrix-Nanokomposite werden zurzeit schon in biomedizinischen Anwendungen eingesetzt [Zha16; Gu11; Che17]. Der Einsatz diversifizierter Pulvermischungen ermöglicht neue Freiheitsgrade und weist ein hohes Potential für das LPBF auf, insbesondere bei der Entwicklung neuer Legierungen mit und für das LPBF. Die Verwendung von Pulvermischungen aus mehreren Pulvern ermöglicht es, die chemische Zusammensetzung schnell, effizient und in-situ zu variieren, was das Design und Screening neuer Legierungen signifikant beschleunigen kann. Daher können pulverbasierte Metall-AM-Verfahren in Kombination mit Pulvermischungen das schnelle Design und Screening chemisch komplexer Werkstoffe, wie bspw. Legierungen mit mehreren Hauptelementen (Multi-principal Element Alloys (MPEAs, auch bekannt als High Entropy Alloys (HEAs))), ermöglichen [Can04; Yeh13]. Neben der Möglichkeit, Pulvermischungen für das Legierungsdesign zu nutzen, bieten Pulvermischungen weitere Vorteile. Mit Pulvermischungen können herkömmliche Fertigungsrouten vereinfacht und beschleunigt werden; z. B. bei der Herstellung von speziell auf die Anwendung angepassten

Pulvern, die auf Basis eines Masteralloys (z. B. 316 L oder andere herkömmliche Pulver) gering in der Chemie angepasst werden müssen, um bspw. die Korrosionsbeständigkeit zu verbessern. Dem Masteralloy werden lediglich die Elemente gezielt in der gewünschten Menge hinzugemischt, um die Eigenschaften den Anforderungen entsprechend anzupassen. Das ermöglicht eine Art Baukastensystem, mit dem sowohl der Pulverhersteller als auch der Endkunde befähigt wird, effizient und flexibel die Pulverzusammensetzung den Anforderungen entsprechend anzupassen. Des Weiteren ist bekannt, dass in Abhängigkeit der Verfahrensparameter die chemische Zusammensetzung durch die Verarbeitung mittels LPBF beeinflusst wird [Chm22]. Um hier entgegenzuwirken, könnten die zu erwartenden Verluste vorab hinzugemischt werden. Somit ist vermeidbar, dass die chemische Zusammensetzung nach der Verarbeitung von der gewünschten vorher definierten Zusammensetzung abweicht. Damit muss nicht für jeden optimierten anwendungsspezifischen Verfahrensparameter individuell Pulver mit der benötigten chemischen Zusammensetzung entsprechend der Verluste hergestellt werden.

Die Möglichkeit der Verwendung von Pulvermischungen als Ausgangsmaterial für das LPBF-Verfahren wird in verschiedenen früheren Studien erfolgreich gezeigt [Mos21]. So werden bspw. die mechanischen Eigenschaften von HMnS durch die Zugabe von elementarem Aluminiumpulver eingestellt [Ewa19a; Köh20; Kie18]. Bisher werden noch keine Pulvermischungen entlang des kompletten LPBF-Prozesses analysiert und es existieren nur wenige Arbeiten, in denen die resultierenden Eigenschaften von vorlegierten Pulvern mit denen von Pulvermischungen verglichen werden. Somit ist nicht abschließend geklärt, ob bei der Verwendung von Pulvermischungen die gleichen oder ähnliche Eigenschaften wie bei der Verarbeitung von vorlegierten Pulvern erreicht werden können und ob Pulvermischungen reproduzierbar, und wenn ja, unter welchen Randbedingungen, verarbeitbar sind.

Beim LPBF begünstigen die schnellen Abkühlungsraten [Li14], die beträchtlichen Temperaturgradienten [Kha16] und die Dynamik des Schmelzbades [Zha17b; Man14] die Entwicklung feiner Mikrostrukturen im erstarrten Zustand [Gu12]. Aufgrund dieser einzigartigen verfahrensbedingten Eigenschaften weisen die mit LPBF hergestellten HMnS-Stähle verbesserte mechanische Eigenschaften wie hohe Streckgrenze, Zugfestigkeit und Duktilität im Vergleich zu den herkömmlichen Stahlarten auf [Kie18]. Diese Kombination mechanischer Eigenschaften ist mit konventionellen Produktionsverfahren, wie Block- oder Strangguss ohne Nachbehandlung [Coo18; Haa17a], nicht zu erreichen. Durch die hohen Abkühlraten beim LPBF können Segregationseffekte der Legierungselemente reduziert [Haa17a; Kun19] und Nachbearbeitungsschritte zur Homogenisierung des Gefüges verringert werden [Daa15]. Die oben genannten Eigenschaften von mittels LPBF hergestellten HMnS führen dazu, dass HMnS sich als Beispiellegierung für den Vergleich von Pulvermischungen und vorlegiertem Pulver eignet. Außerdem kann daran gezeigt werden, welchen Einfluss Pulvermischungen auf den LPBF-Prozess haben.

3.2 Zielsetzung und Forschungsansatz

Übergeordnetes Ziel der vorliegenden Arbeit ist die Vergrößerung des Prozessverständnisses des LPBF-Verfahrens hinsichtlich der Verarbeitung von Pulvermischungen im Vergleich zu vorlegierten Pulvern, am Beispiel eines HMnS mit 5–7 Gew% Aluminium. Unterschiede und Gemeinsamkeiten vom Verhalten der Pulvermischungen beim Materialauftrag bis hin zur Mikrostruktur und den mechanischen Eigenschaften sollen aufgezeigt und systematisch analysiert werden. Abschließend wird anhand der Ergebnisse die Verwendbarkeit von Pulvermischungen im LPBF-Prozess hinsichtlich der Legierungsentwicklung bewertet. Daraus ergibt sich die folgende übergeordnete Forschungsfrage.

Wie unterscheiden sich Pulvermischungen von vorlegierten Pulvern im LPBF-Verfahren hinsichtlich der Verarbeitung (1), der Werkstoffchemie (2), der Mikrostruktur (3) und der mechanischen Eigenschaften (4)?

Daraus abgeleitet ergeben sich die folgenden vier Kernfragestellungen dieser Arbeit:

1) Wie verhalten sich Pulvermischungen während der Verarbeitung im Vergleich zu vorlegierten Pulvern?
2) Wie lässt sich der Zusammenhang der Werkstoffchemie von Pulvermischungen im Vergleich zu vorlegierten Pulvern in Abhängigkeit der LPBF-Verfahrensparameter beschreiben?
3) Welche Unterschiede bestehen hinsichtlich der Mikrostruktur von Probekörpern hergestellt aus Pulvermischungen und vorlegierten Pulvern bei gleichen LPBF-Prozessbedingungen und Verfahrensparametern?
4) Können mittels Pulvermischungen ähnliche mechanische Eigenschaften, wie bspw. Härte, Zugfestigkeit und Bruchdehnung, an den Probekörpern erreicht werden wie mit vorlegierten Pulvern?

3.3 Vorgehensweise

Aus den oben genannten Fragestellungen ergeben sich für diese Arbeit verschiedene inhaltliche Schwerpunkte, um die Erkenntnisse aus dem Stand der Wissenschaft und Technik grundlegend und systematisch zu erweitern. Die dafür in dieser Arbeit verwendete Gliederung ist schematisch in Abbildung 3.1 dargestellt.

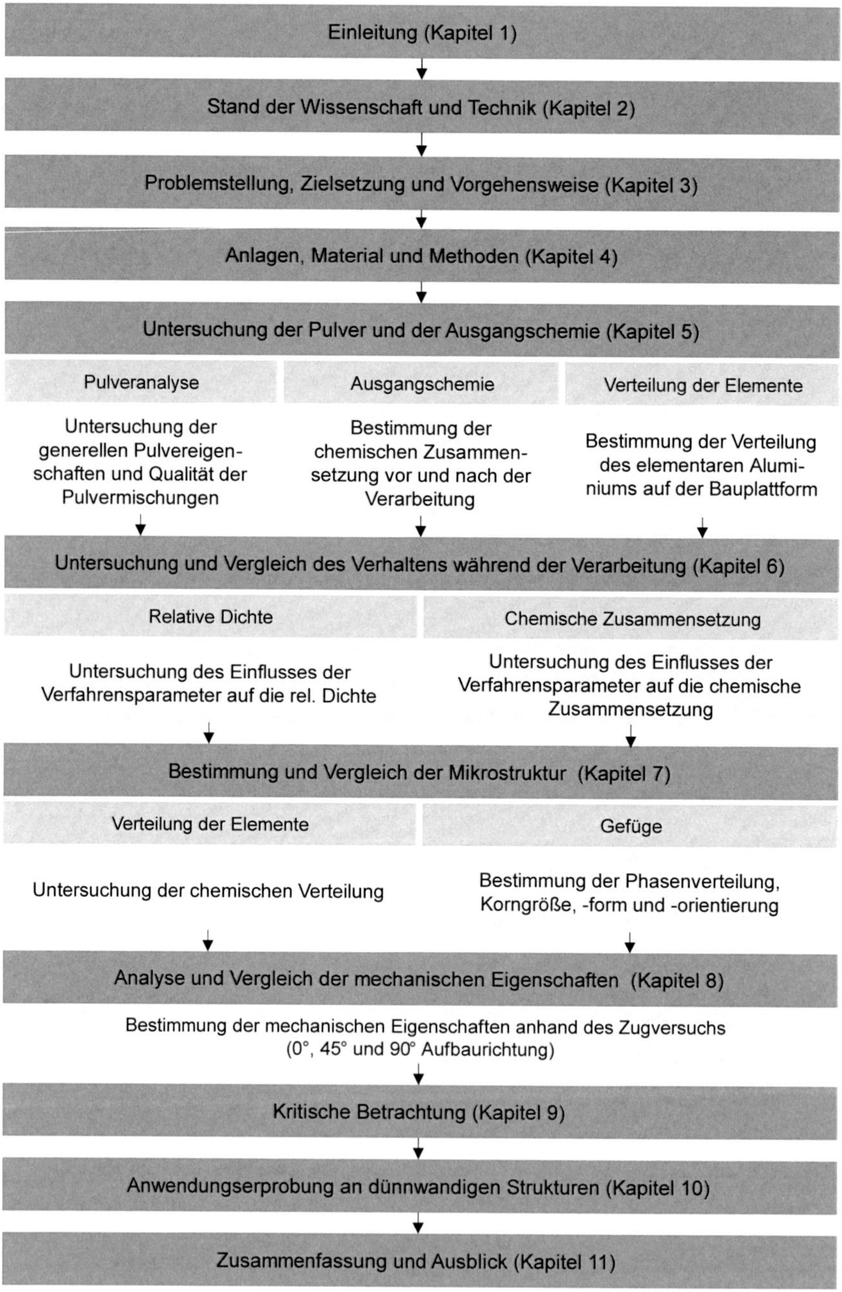

Abbildung 3.1: Grundsätzliche Gliederung der hier vorliegenden Arbeit

Die hier vorliegende Arbeit ist in elf Kapitel gegliedert (s. Abbildung 3.1). Ausgehend von einer kurzen Einordnung des LPBF-Verfahrens und dessen Verfahrenscharakteristiken, einer Übersicht der aktuellen Materialauswahl und einer Darlegung der Potentiale und Herausforderungen von Pulvermischungen wird das Thema der Arbeit eingeleitet (Kapitel 1). Danach werden in Kapitel 2, angefangen bei den Eigenschaften und Grundlagen des LPBF-Verfahrens und des verwendeten Ausgangsmaterials, die wesentlichen Ansätze des Legierungsdesigns für das LPBF beschrieben. Zudem wird der Stand der Technik und Wissenschaft hinsichtlich der Verwendung von Pulvermischungen im LPBF analysiert. Daraus abgeleitet folgt in Kapitel 3 die Beschreibung der Problemstellung, der Zielsetzung, des Forschungsansatzes und der Vorgehensweise der Arbeit. Als Nächstes werden die verwendete Anlagentechnik, das genutzte Material und die Messtechnik sowie Messmethoden der jeweiligen Analysen beschrieben (Kapitel 4).

In Kapitel 5 werden die Pulver und Pulvermischungen analysiert, die Ausgangschemie vor und nach der Verarbeitung und die Verteilung der Elemente auf der Bauplattform bestimmt. Damit wird ein Ausgangszustand generiert, auf dem die folgenden Untersuchungen (Bestimmung der rel. Dichte, Vermessung der Schmelzbäder, Bestimmung der Materialchemie, Mikrostrukturanalysen und Zugversuche) aufbauen und als Bezug genutzt werden. Dafür wird zuerst eine Pulveranalyse der Ausgangspulver und der daraus hergestellten Pulvermischungen vorgenommen. Dabei werden sowohl die geometrischen Eigenschaften als auch die chemische Zusammensetzung der Ausgangspulver analysiert. Zudem wird die Ausgangschemie nach der Verarbeitung der verschiedenen Ausgangspulver bestimmt, die in den darauffolgenden Versuchen, bei der Bestimmung der chemischen Zusammensetzung vor und nach dem Prozess, als Bezugsgrößen dienen. Abschließend wird ein Ausgangszustand hinsichtlich der Verteilung der Elemente bei Pulvermischungen auf der Bauplattform bestimmt. Dafür wird sowohl die Pulverzusammensetzung nach dem Pulverauftrag als auch die chemische Zusammensetzung der verarbeiteten Quader verteilt auf der Bauplattform analysiert. In Kapitel 6 wird das Verhalten von Pulvermischungen im Vergleich zu vorlegierten Pulvern während der Verarbeitung untersucht. Dieses Kapitel teilt sich auf in die Analyse der Verarbeitung anhand der resultierenden rel. Dichte und Schmelzbadgeometrie und in die Bestimmung der chemischen Zusammensetzung von Probekörpern nach dem Prozess in Abhängigkeit von den Verfahrensparametern. Hierfür wird zuerst ein Verfahrensparameterfeld aufbauend aus den Vorarbeiten generiert und dann auf das vorlegierte Pulver und die Pulvermischungen angewendet. Zum Vergleich werden die rel. Dichte und das Schmelzbad in Abhängigkeit von den Verfahrensparameter gemessen. Zur Bestimmung des Einflusses der Verfahrensparameter auf die chemische Zusammensetzung wird ein weiteres Verfahrensparameterfeld bis in die Randbereiche der Prozesszierbarkeit definiert. Die einzelnen Verfahrensparameterkonstellationen werden systematisch variiert, wobei alle anderen Verfahrensparameter konstant gehalten werden. Zudem werden die rel. Dichte und die Schmelzbadtiefe, -breite und -fläche bestimmt. Im nächsten Schritt werden in Kapitel 7 die Elementverteilung innerhalb des Schmelzbades und die Mikrostruktur bestimmt und zwischen den

Probekörpern aus vorlegiertem Pulver und den Pulvermischungen verglichen. Dafür wird zum einen ein EDX-Mapping vorgenommen und zudem eine EBSD-Messung zur Bestimmung der Phasenverteilung, Korngrößen, -form und -orientierung durchgeführt. Die Messungen werden an Quadern aus vorangegangenen Versuchen vorgenommen. Verglichen werden die Elementverteilung, Korngrößen, Kornform, Kornorientierung und Phasenverteilung der Pulvermischung mit denen des vorlegierten Pulvers.

Abschließend werden in Kapitel 8 die mechanischen Eigenschaften von Probekörpern hergestellt aus Pulvermischungen im Vergleich zu Probekörpern aus vorlegierten Pulvern betrachtet. Dafür werden Zugversuche an Probekörpern in drei verschiedenen Aufbaurichtungen (0°, 45° und 90°) durchgeführt. Die Rohlinge für die Zugversuche werden wiederum zur Eingrenzung der Einflussfaktoren mit dem Standardparameter (StdP) hergestellt. Abschließend werden in jedem der vier Hauptkapitel die jeweiligen Ergebnisse analysiert, diskutiert und ein Zwischenfazit gezogen.

In Kapitel 9 wird die Verarbeitung von trockengemischten Pulvern mittels LPBF auf Basis der aus dieser Arbeit hervorgehenden Erkenntnisse und der Erfahrungen aus der Literatur kritisch betrachtet. Abschließend, in Kapitel 10, werden die Pulvermischungen an dünnwandigen Strukturen erprobt, um daraus Wissen zu generieren, mit dem die Anwendbarkeit von Pulvermischungen bewertet werden kann. Dünnwandige Strukturen werden ausgewählt, da diese bei der Anwendung von Pulvermischungen eine Herausforderung darstellen, da lokale Unterschiede der chemischen Zusammensetzungen einen größeren Einfluss auf die erreichbaren Eigenschaften als bei vollmaterial Proben haben. Zuletzt werden in Kapitel 11 eine Zusammenfassung und eine Übersicht des noch bestehenden Forschungsbedarfs im Rahmen eines Ausblicks gegeben.

3.4 Eingrenzung des Untersuchungsraums

Um den Fokus der hier vorliegenden Arbeit zu schärfen, wird vorab der Untersuchungsraum eingegrenzt. Dafür werden verschiedene Einflussgrößen, Verfahrensparameter und Methoden auf Basis von Vorarbeiten festgelegt und im Laufe der Arbeit nicht weiter betrachtet und als gegeben angesehen.

- Exemplarisch wird als Legierungssystem ein FeMnAlC-System mit 21 Gew% Mangan, 5 Gew% Aluminium und 0,3 Gew% C verwendet, da in Vorarbeiten dieses Legierungssystem als geeignet für die Untersuchung von Pulvermischungen identifiziert wird. In den Vorarbeiten wird gezeigt, dass die Legierung aufgrund des sich ausbildenden Duplexgefüges sensitiv auf chemische Schwankungen reagiert und über einen größeren Verfahrensparameterraum mit rel. Dichten > 99.5 % verarbeitbar ist (s. Kapitel 2.2.4).
- Die Ausgangspulver (X30Mn22 und X28Mn21Al5) werden mit einer PSD von 15–45 µm beschafft. Das elementare Aluminium wird mit einer PSD von 0–45 µm verwendet, da kleine Partikel eine höhere Packungsdichte bewirken, besser im Vergleich zu größeren Partikeln während der Verarbeitung eine Legierung

bilden und durch kleinere Partikel die Absorption des Pulvers erhöht wird. [Voc19; Kni21]

- Als Mischverfahren für die Herstellung der Pulvermischungen wird das Trockenmischen ausgewählt, da dieses als das meistverwendete Verfahren in der Literatur identifiziert wird (s. Kapitel 2.2.4). Zudem werden durch das Trockenmischen die Geometrie der Partikel und die Partikeleigenschaften nicht verändert, was einen Einfluss auf die Verarbeitbarkeit haben kann (s. Kapitel 2.4.1). [Kni21; Sim18]
- Der StdP, an dem der Großteil der Untersuchungen durchgeführt wird, wird aus Vorarbeiten entnommen. In den Vorarbeiten wird gezeigt, dass der StdP und der daraus resultierende Verfahrensparameterbereich auf das Legierungssystem anwendbar ist und in einem definierten Bereich eine rel. Dichte > 99,5 % erreicht wird. Zudem besteht die Möglichkeit, auf Erfahrungswerte aus den Vorarbeiten zurückzugreifen (s. Kapitel 2.2.4). [Ewa19a; Köh20]
- Einige Maschinen- und Verfahrensparameter werden über alle Versuche konstant gehalten und nicht weiter betrachtet, um die Anzahl der Versuche einzugrenzen. Die wichtigsten davon sind die Schichtdicke (30 µm) und der Supplyfaktor (2). Weitere Parameter, die über alle Versuche, wenn nicht anders erwähnt, konstant gehalten werden, sind dem Kapitel 4.1.4 zu entnehmen.

4 Anlagen, Material und Methoden

4.1 Anlagentechnik und Prozessdurchführung

4.1.1 Anlagentechnik

Die Aconity MINI (Aconity3D GmbH, Herzogenrath, Germany) ist eine LPBF-Anlage, die insbesondere für die Forschung und Entwicklung ausgelegt ist. Ein Bild der Anlage ist dem Anhang (s. Abbildung 17.1) zu entnehmen. Die Besonderheiten sind, dass die Anlage eine einfache Reinigung und die Reduzierung der Bauplattform auf einen Durchmesser von 50 mm ermöglicht. Außerdem besteht die Option, durch die Bauraumverkleinerung mit wenigen 100 Gramm Pulver zu arbeiten. Die Aconity Mini hat einen Bauraum von D140x200 mm (Bauraumverkleinerung D50x100 mm) und ist mit einem 400 W Ytterbium-Faserlaser ausgestattet. Die Wellenlänge beträgt ca.1070 nm und der Laserstrahl ist auf 70 µm in der Bearbeitungsebene fokussiert. Die Vermessung der Kaustik ist dem Anhang zu entnehmen (s. Abbildung 17.2).

4.1.2 Baujobvorbereitung

Bei der Baujobvorbereitung sind drei Schritte erforderlich. Zunächst wird die Bauteilgeometrie mittels einer CAD-Software modelliert und ins STL-Format exportiert. Anschließend wird das Modell in Schichten mit der gewünschten Schichtdicke gesliced. Dieser Schritt wird mit der Aufbereitungssoftware Materialise Magics 23.00 (Materialise NV, Leuven, Belgien) und einem zugehörigen Buildprozessor für die Aconity MINI durchgeführt. Die Bauteile werden dafür in das ilt-Datenformat übertragen, um den Transfer auf die Anlage zu ermöglichen. Als Nächstes wird eine neue Baujobdatei an der Anlage generiert. Danach werden die Bauteile auf die Anlage übertragen, innerhalb der neu generierten Baujobdatei digital auf der Bauplattform positioniert und den Bauteilen die entsprechenden LPBF-Verfahrensparameter zugewiesen.

4.1.3 Baujobdurchführung

Vor dem Start des Baujobs wird die Prozesskammer gereinigt, um Pulverkontaminationen und daraus resultierende Fehler zu minimieren. Danach wird die generierte Baujobdatei auf der Anlage aufgerufen und die eigentliche Baujobvorbereitung beginnt. Zuerst wird eine Bauplattform aus C45 in die Anlage eingebaut, worauf anschließend der Beschichter ausgerichtet wird. Daraufhin wird das Pulver eingefüllt und die erste Schicht aufgetragen, die Baukammer geschlossen und mit Argon geflutet. Sobald der gewünschte Sauerstoffgehalt erreicht ist, kann die Umwälzung hinzugeschaltet werden, die während des Prozesses verdampftes Material und Spritzer aus der Baukammer abführt. Danach folgen der Prozessstart und die eigentliche Herstellung der Bauteile. Nach erfolgreicher Durchführung des Baujobs wird die Bauplattform von Pulver befreit und die Substratplatte aus der Baukammer entnommen.

4.1.4 Verfahrensparameter, Probekörper und Belichtungsstrategien

In diesem Kapitel wird der StdP für die Herstellung der Probekörper definiert, die Geometrien und Verwendung der Probekörper aufgezeigt, die verwendeten Belichtungsstrategien erläutert und die Maschineneinstellung bzw. die Maschinenparameter festgelegt. Der StdP wird den Vorarbeiten [Köh20; Ewa19a] entnommen und ist in Tabelle 4.1 definiert.

Tabelle 4.1: StdP für die Fertigung von Probekörpern auf der Aconity Mini LPBF-Anlage

Laserleistung (P_L)	Belichtungsgeschw. (v_s)	Spurabstand (Δy_s)	Schichtdicke (D_s)
120 W	750 mm/s	70 µm	30 µm

Entsprechend der in dieser Arbeit genutzten Analytik werden verschiedene Probekörper hergestellt. In Tabelle 4.2 sind die in dieser Arbeit verwendeten Probekörper entsprechend der Verwendung aufgelistet. Abbildungen der verschiedenen Probekörpern sind dem Anhang (s. Abbildung 17.3) zu entnehmen.

Tabelle 4.2: Übersicht der in dieser Arbeit verwendeten Prüfköper mit Angabe der Kapitel, in denen diese verwendet werden

Nr.	Probekörper	Abmaße	Kapitel
1.	Quader_1	5x5x14 mm	5 - 7
2.	Quader_2	5x5x29 mm	5
3.	Quader_3	20x20x15 mm	5
4.	Hollow-Cube	15x15x50 mm	5
5.	Zugproben (0°, 45° und 90°)	D10x80 mm	8
6.	Gitterstrukturproben	30x30x43 mm	10

Alle Probekörper werden immer gleich angeordnet und ausgerichtet. Zur Sicherstellung eines homogenen Pulverauftrags werden die Probekörper um 45° zur Richtung der Pulverauftragseinheit rotiert. Die einzige Ausnahme stellen die Zugproben dar. Die 0°- und 45°-Zugproben werden um 15° rotiert, um einen gleichmäßigen Pulverauftrag zu gewährleisten. Die 90°-Zugproben sind rotationssymetrisch und müssen daher nicht rotiert werden. Zur Vermeidung von Spritzerflug auf nachfolgend belichtete Probekörper wird entgegengesetzt der Schutzgasströmung hintereinander belichtet.

In dieser Arbeit werden zwei verschiedene Scanstrategien verwendet, abhängig von der Geometrie der Probekörper. Bei allen Probekörpern wird ausschließlich die Schraffur belichtet (s. Abbildung 17.4). Von einer Spurbreitenkompensation und Konturfahrt wird abgesehen. Das Scannen der Belichtungsvektoren erfolgt bidirektional und unter Nutzung von Skywriting (Mode 3) (s. Abbildung 17.4). Im Folgenden werden die zwei in dieser Arbeit verwendeten Belichtungsstrategien genauer erläutert:

Belichtungsstrategie 1

Als Belichtungsstrategie wird eine Mäander-Belichtung gewählt (s. Abbildung 17.4). Der Startwinkel der Belichtungsvektoren beträgt 45° in Bezug auf das Maschinenkoordinatensystem. Zwischen den Schichten werden die Belichtungsvektoren um die z-Achse um ± 90° alterniert, sodass die Länge der Belichtungsvektoren bei den in dieser Arbeit verwendeten Quadern mit einer 5 mm Kantenlänge konstant 5 mm beträgt und die Scanabfolge der Belichtungsvektoren entgegen der Schutzgasströmung verläuft. Die Probekörper Quader_1 und Quader_2 werden mit dieser Belichtungsstrategie hergestellt.

Belichtungsstrategie 2

Hier wird eine Streifen-Belichtung (s. Abbildung 17.4) mit einer Belichtungsvektorlänge von 5 mm und einem Überlapp von 50 µm verwendet. Die Rotation der Stripes je Schicht um die z-Achse wird auf 33° festgesetzt und der Startwinkel beträgt 0° ausgehend vom Maschinenkoordinatensystem. Die Probekörper Hollow-Cubes, Quader_3, Zugproben und Gitterstrukturproben werden mit der Belichtungsstrategie 2 hergestellt.

Allgemeine Maschinenparameter

Allgemeine Maschinenparameter werden über alle Versuche, wenn nicht explizit anders dargestellt, konstant gehalten. Im Folgenden sind diese aufgelistet:

- Laserstrahlfokusdurchmesser 70 µm
- Supplyfaktor 2
- Pulverbeschichtungsgeschwindigkeit 150 mm/s
- Schutzgasströmungsgeschwindigkeit (basierend auf einer Volumenstrommessung hinter der Pumpe) 2,4 m/s
- Prozesskammerdruck +10 mbar rel. zur Atmosphäre
- Einströmmenge Argon ca. 3 l/min
- Sauerstoffgehalt <100 ppm
- Pulverbeschichtungswerkzeug Gummilippe

4.2 Pulver und Pulvermischungen

Im Folgenden werden die verwendeten Pulver und Pulvermischungen aufgeführt und die verwendete Mischmethode beschrieben. Das in dieser Arbeit verwendete Legierungssystem ist ein HMnS (X30Mn22) mit nominell 20,9 Gew% Mangan, 5 Gew% Aluminium und 0,28 Gew% Kohlenstoff. Der restliche Anteil ist Eisen. Alle verwendeten Pulver sind gasverdüst, unter Verwendung von Argon als Inertgas. Das X30Mn22-Pulver und X28Mn21Al5-Pulver weisen laut Hersteller eine PSD zwischen 15 und 45 µm auf, für das elementare Aluminium liegt der Wert zwischen 0 und 45 µm. Beim elementaren Aluminium wird der Feinanteil (<10 µm) nicht herausgesiebt, da kleine Partikel eine höhere Packungsdichte bewirken und durch kleinere Partikel die Absorption des Pulvers erhöht wird [Voc19; Kni21]. In der Tabelle 4.3 sind die verwendeten Pulverwerkstoffe und deren nominelle chemische Zusammensetzung aufgelistet.

Tabelle 4.3: Nominelle chemische Zusammensetzung der in dieser Arbeit verwendeten Pulver und Pulvermischungen in [Gew%]

	X30Mn22	Al	X30Mn22 +5%Al	X30Mn22 +7%Al	X28Mn21Al5
Akronym	**X30**	**eAl**	**PM5**	**PM7**	**VL**
C	0,3	0	0,285	0,279	0,285
Al	0	100	5,00	7,00	5,00
Mn	22,00	0	20,9	20,46	20,9
Fe	77,7	0	73,82	72,261	73,815

Das X30 wird von der thyssenkrupp AG (Essen, Deutschland) bereitgestellt und ist Teil der Charge LOT 16884. Aluminium wird von der TLS Technik GmbH (Bitterfeld-Wolfen, Deutschland) geliefert. Die Pulvermischungen PM5 und PM7 werden anschließend aus X30 und eAl mittels eines Taumelmischers vom Typ Turbula 2F Taumelmischer (Willy A. Bachofen AG, Basel, Schweiz) für 45 Minuten auf der höchsten Rotationsstufe trockengemischt. Danach werden die Pulvermischungen möglichst ohne Erschütterungen direkt in die Anlage gefüllt, um die Möglichkeit einer Entmischung vor dem eigentlichen Verarbeitungsprozess zu minimieren. VL wird von der Steel Service Krefeld GmbH (Krefeld, Deutschland) bereitgestellt und ist eine extra für diese Arbeit hergestellte Sonderverdüsung.

4.3 Probenpräparation

4.3.1 Querschliffe für Dichtemessung

Die Probekörper werden mit Position, Pulverbezeichnung und Ausrichtung gekennzeichnet und danach mit einer Bandsäge von der Substratplatte abgetrennt. Anschließend werden die Probekörper in der Heißeinbettpresse OPAL 480 (ATM GmbH, Mammelzen, Deutschland) mit einer Stempelgröße D = 40 mm oder D = 50 mm so positioniert, sodass immer die XZ-Ebene (s. Abbildung 4.2) eingebettet wird und das letzte Schmelzbad orthogonal zu den Belichtungsvektoren in der letzten Schicht angeordnet ist. Das ermöglicht die Vermessung der Schmelzbadtiefe, -breite und -fläche (s. Kapitel 4.4.2). Pro Einbettmasse (Puck) werden fünf Probekörper eingebettet. Die Aufbaurichtung wird nach oben orientiert und die Absaugrichtung von rechts nach links. Danach wird das Einbettmaterial PhenoCure (Bühler AG; Uzwil, Schweiz) eingefüllt und der Einbettprozess durchgeführt. Im nächsten Schritt werden die Probekörper mit Siliziumkarbid (SiC) Schleifpapier in vier Stufen von Korn 80 bis 1200 mechanisch geschliffen. Der letzte Schritt ist das mechanische Polieren der Probekörper mit 1–3 µm Diamantsuspension auf einem rotierenden Gewebe. Das Schleifen und Polieren der Probekörper wird manuell auf einer Saphir 550 (ATM GmbH, Mammelzen, Deutschland) durchgeführt. Die Schleif- und Polierzeiten sind für jeden Probekörper unterschiedlich und hängen von der Qualität der vorangegangenen Arbeitsschritte ab.

4.3.2 Vorbereitung für die Schmelzbadvermessung

Um die Schmelzbäder unter dem Lichtmikroskop sichtbar zu machen, müssen die quergeschliffenen Probekörper nach der Politur geätzt werden. Alle Probekörper werden mit einer dreiprozentigen alkoholischen Nitallösung (97 % Ethanol, 3 % Salpetersäure) bei Raumtemperatur für zehn Sekunden geätzt. Nach dem Ätzen werden die Probekörper mit Ethanol gereinigt und getrocknet, um eine Oxidation zu verhindern. Da die Verteilung der Elemente innerhalb der Probekörper variiert und damit der Ätzeffekt verändert wird, müssen Probekörper teilweise nachgeätzt werden.

4.3.3 Vorbereitung der Querschliffe für die EDX- und EBSD-Analyse

Querschliffe für die EDX-Messungen und EBSD-Analysen werden wie in Kapitel 4.3.1 vorpräpariert und anschließend elektropoliert. Dafür wird eine LectroPol-5 Elektropoliermaschine (Struers GmbH, Deutschland) mit A2 Elektrolyt (Struers GmbH, Deutschland) verwendet. Die Polierdauer beträgt 20 s mit 28 V Spannung bei Raumtemperatur.

4.3.4 Vorbereitung der Zugproben

Für die Zugversuche werden Rohlinge D10 x 85 mm gefertigt und anschließend auf die Form B6x30 nach DIN 50125:2016-12 gedreht. Je nach Aufbaurichtung (s. Abbildung 4.1 a) müssen vorher noch die Stützstrukturen der Zylinder abgetrennt werden. Dies erfolgt mit einem Trennschleifer (Brillant 230, ATM GmbH, Mammelzen, Deutschland).

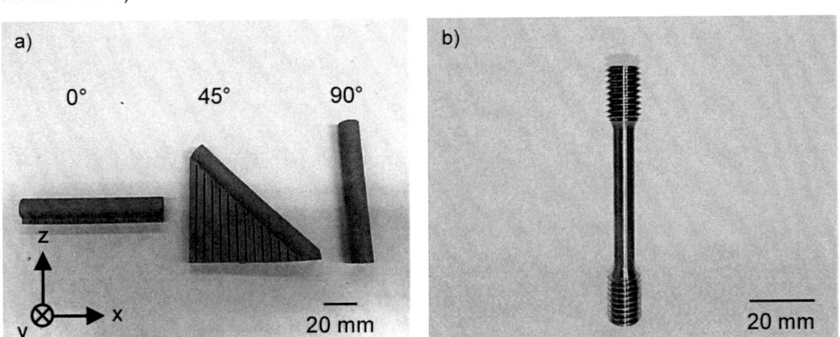

Abbildung 4.1: a) Foto der hergestellten Rohlinge für die Zugproben in 0°, 45° und 90° Aufbaurichtung und b) Foto einer fertig bearbeiteten Zugprobe der Form B6x30 nach DIN 50125:2016-12

In Abbildung 4.1 a) sind die Zugprobenrohlinge mit den Abmaßen D10 x 85 mm in den drei Aufbaurichtungen 0°, 45° und 90° abgebildet und in b) rechts eine fertig bearbeitete Zugprobe der Form B6x30.

4.4 Analytik und Messmethoden

4.4.1 Pulveranalytik

An den verschiedenen Pulvern und Pulvermischungen wird die Morphologie, der Porengehalt, die Fließfähigkeit, die Schüttdichte, die Restfeuchte, die PSD, die Absorption und chemische Zusammensetzung analysiert. Die dafür verwendete Messtechnik ist in Tabelle 4.4 aufgelistet.

Tabelle 4.4: Übersicht der untersuchten Pulvereigenschaften mit der jeweiligen Messtechnik bzw. Messgerät

Eigenschaft	Bezeichnung	Bild
Morphologie	REM vom Typ Leo 1455 EP (Carl Zeiss AG, Oberkochen, Deutschland)	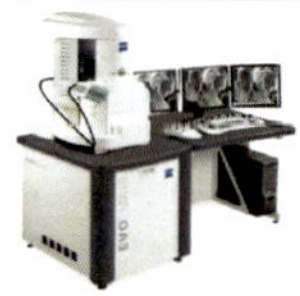 @Zeiss
Porenanalyse im Querschliff	Keyence Digitalmikroskop vom Typ VHX 6000 (Keyence Corporation, Osaka, Japan)	 @keyence
Fließfähigkeit	REVOLUTION Pulver-Analysator (PS Prozesstechnik GmbH, Basel, Schweiz)	 @PS Prozesstechnik GmbH
Schüttdichte	Hall-Flowmeter nach DIN EN ISO 3923-1	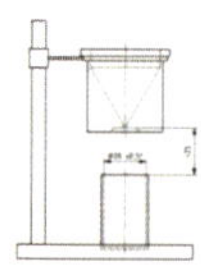 @DIN EN ISO 3923-1
Restfeuchte	Feuchtemessgerät vom Typ M-Serie (A&D Weighting, Ann Arbor, USA)	 @A&D Weighting
PSD	Retsch Camsizer X2 (Retsch Technology GmbH, Haan, Deutschland)	 @Retsch

Absorption	PerkinElmer Lambda 1050 (PerkinElmer, Waltham, USA)	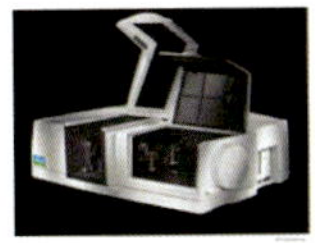 @PerkinElmer
Chemische Zusammensetzung	Die nasschemische Analyse wird extern beim Mikroanalytisches Labor Pascher in Remagen durchgeführt.	

4.4.2 Lichtoptische Mikroskopie

Lichtoptische Mikroskopie wird an einem Digitalmikroskop vom Typ VHX-6000 (Keyence Corporation, Osaka, Japan) durchgeführt. Das Mikroskop verfügt über einen Vergrößerungsbereich von 20 bis 2000 x und hat verschiedene Beleuchtungsmöglichkeiten.

Die Messung der rel. Dichte erfolgt mit der integrierten Keyence VHX-6000 Software. Mit einem extra dafür vorgesehenen Tool kann ein Schwarz-Weiß-Abgleich erstellt werden. Das Tool unterteilt dafür das Bild in schwarze und weiße Bereiche. Schwarze Bereiche werden als Poren identifiziert und weiße Bereiche als Vollmaterial. Zur Bestimmung der rel. Dichte werden je Quader fünf Aufnahmen mit einer 200 x Vergrößerung in einem Messbereich von 1 x 1 mm erzeugt. Die Aufnahmen werden in den vier Ecken und eine in der Mitte der Probekörper aufgenommen (s. Abbildung 4.2) und anschließend mittels Schwarz-Weiß-Abgleich hinsichtlich der Gesamtporosität vermessen. Aus dem Mittel der fünf Messungen ergibt sich der Wert der rel. Dichte pro Probekörper.

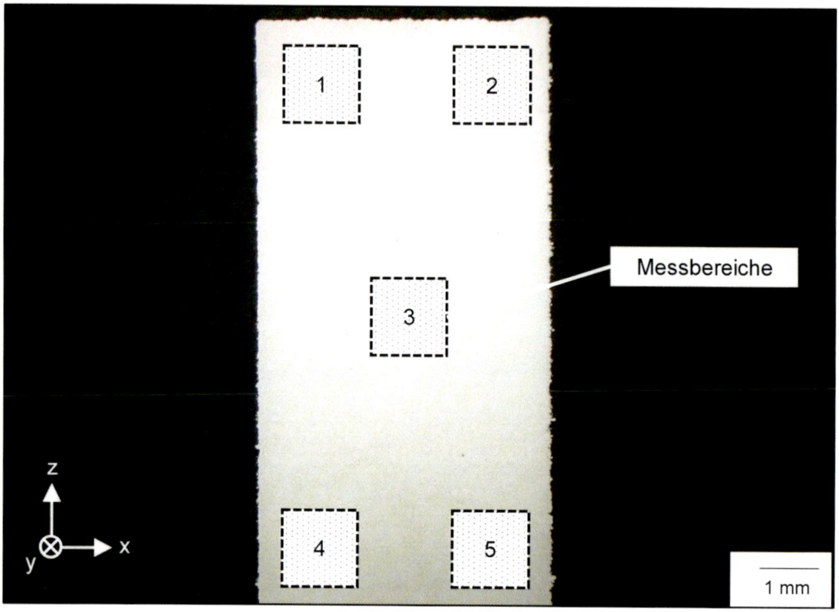

Abbildung 4.2: Übersicht der Messbereiche für die Messung der rel. Dichte an einem Querschliff eines Quaders

Zur Analyse der Schmelzbadgeometrie werden einzelne Schmelzbäder der Probekörper in der Breite, Tiefe und Fläche vermessen. Die Schmelzbäder werden immer in der letzten belichteten Schicht untersucht. In Abbildung 4.3 ist schematisch die Vermessung der Schmelzbäder in der obersten Schicht dargestellt und die in dieser Arbeit relevanten vermessenen Werte aufgeführt.

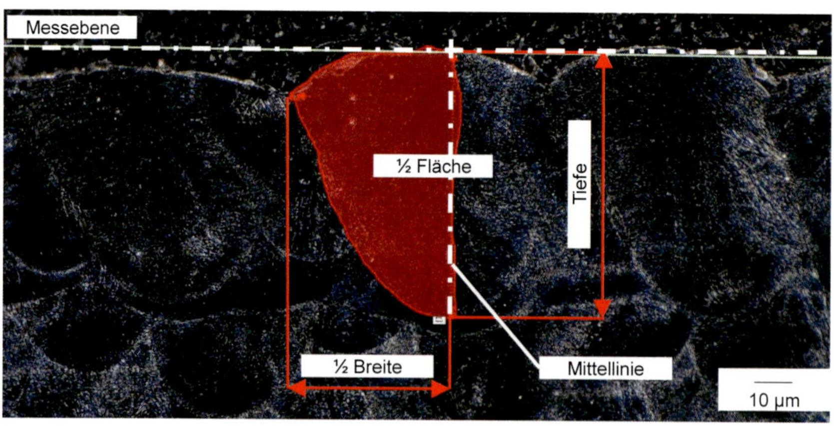

Abbildung 4.3: Schematische Darstellung der Vermessung eines Schmelzbades in der zuletzt belichteten Schicht mittels lichtoptischer Mikroskopie

Für die Tiefe und Breite werden manuell die jeweiligen Endpunkte markiert und mit Messlinien verbunden. Die Fläche wird gemessen, indem die Kontur des Schmelzbades mit einer Freihandlinie nachgezogen wird. Sowohl für die Breite als auch für die Fläche wird jeweils die Hälfte des Schmelzbades vermessen, da in Belichtungsabfolge der Belichtungsvektoren jeweils das vorherige bereits erstarrte Schmelzbad wieder halb aufgeschmolzen wird und somit keine klare Trennung zwischen den Schmelzbädern auf den geätzten Querschliffen erkennbar ist. Zur Vergleichbarkeit zwischen den Verfahrensparametern werden immer die entgegengesetzt der Schutzgasströmung belichteten Schmelzbäder vermessen, damit der Einfluss der Schutzgasströmung auf die gemessenen Werte minimiert wird.

4.4.3 Rasterelektronenmikroskopie

Alle Messungen an Probekörpern (Bild, EDX und EBSD) werden mit einem Sigma Rasterelektronenmikroskop (Carl Zeiss AG, Oberkochen, Deutschland) aufgenommen. Im Folgenden sind die verwendete Messtechnik und die Messparameter je nach Analyse beschrieben. [Eck02]

EDX-Messung

Für die EDX-Messungen wird ein Max 50 EDX Detektor (Oxford Instruments PLC, Oxford, Großbritannien) verwendet. Elemente mit einem Massenanteil unter 0,3 Gew% können nicht detektiert werden, da die Auflösung nicht hoch genug ist. Kohlenstoff wird bei der Messung nicht betrachtet und deswegen aus der Messung herausgenommen. Durch mögliche Kohlenstoffansammlungen an der Probenoberfläche könnte das Ergebnis verfälscht werden [Rei98]. An den Probekörpern Quader_1, die zur Analyse der chemischen Zusammensetzung verwendet werden, erfolgen fünf Messungen. Dabei werden die Quader entsprechend Kapitel 4.3.1 präpariert und in denselben fünf Bereichen wie bei der Messung der rel. Dichte (s. Abbildung 4.2) analysiert. Je Messbereich erfolgt eine Flächenmessung (400 x 400 µm).

EBSD-Analyse

Für die EBSD-Analysen wird ein Field Emission Gun REM (Carl Zeiss AG, Jena, Deutschland) in Kombination mit einem NordlysNano (Oxford Instruments plc, Oxford, Großbritannien) Detektor mit einer Schrittweite zwischen 100 nm und 500 nm verwendet. Die EBSD-Analysen werden durchgeführt, um die vorhandenen Phasen, die durchschnittliche Korngröße und die resultierende Kornorientierung zu untersuchen. Die EBSD-Daten werden mit der MATLAB (Mathworks Inc., Natick, USA) Toolbox MTEX [Bac10] verarbeitet und analysiert. Die Korngröße wird als Durchmesser eines Kreises mit einer Fläche definiert, die einem gemessenen Korn entspricht. Die Messungen werden immer in der Mitte des Probekörpers durchgeführt, um den Einfluss der Randbereiche zu vermeiden. Als Probekörper werden Quader verwendet.

4.4.4 Funkenspektroskopie

Die Funkenspektroskopie, im Engl. Optical Emission Spectroscopy (OES), zur Messung der chemischen Zusammensetzung von Probekörpern wird mit einem SPECTROMAXx Funkenspektrometer (SPECTRO Analytical Instruments GmbH,

Kleve, Deutschland) am Gießereiinstitut der RWTH Aachen University durchgeführt. Die Messungen werden an Quadern vorgenommen. An jedem Probekörper werden drei Messungen durchgeführt und anschließend gemittelt, um lokale chemische Schwankungen zu kompensieren und somit die Gesamtchemie zu messen.

4.4.5 Röntgenfluorezenzanalyse

Zur Bestimmung der chemischen Zusammensetzung von Pulvern kommt ein Röntgenfluorezenz-Spektrometer vom Typ Portable Counter Top XRF (CTX) von Bruker (Billerica, USA) zur Anwendung. Als Messeinstellung wird von Bruker ein Standardmessprofil für HMnS ausgewählt. Kohlenstoff kann mittels Röntgenfluorozenzanalyse (RFA) nicht gemessen werden [Bec07] und wird dementsprechend herausgerechnet. RFA-Messungen werden an dem aus den Hollow-Cubes entnommenen Pulver vorgenommen. An jedem Probekörper werden vier Pulverproben vermessen.

4.5 Mechanische Charakterisierung

Die Zugversuche werden nach der Norm DIN EN ISO 6892-1 durchgeführt. Eine Dehnrate von $2{,}5/10^{-4}\ s^{-1}$ wird gewählt, sodass die Zugversuche im quasistatischen Bereich ablaufen. Die Vorkraft beträgt 10 MPa. Die Zugversuche werden an einer Zugmaschine vom Typ Z100 (ZwickRoell GmbH & Co. KG, Ulm, Deutschland) durchgeführt. Aus dem Zugversuch werden die folgenden wesentlichen Kennwerte entnommen und für den Vergleich herangezogen:

- Streckgrenze ($R_{p\,0,2}$),
- Zugfestigkeit (R_m) sowie
- Bruchdehnung (A_x).

5 Untersuchung der Pulver und der Ausgangschemie vor und nach der Verarbeitung

Im ersten Schritt werden die Basiseigenschaften der verwendeten Ausgangsmaterialien und die Randbedingungen für die weiteren Versuche bestimmt. Dafür werden die relevanten Pulvereigenschaften, die chemische Zusammensetzung vor der Verarbeitung und nach der Verarbeitung unter Verwendung des StdP sowie die Verteilung des Aluminiums bei Pulvermischungen nach der Pulverbeschichtung und Verarbeitung auf der Bauplattform bestimmt. Die in diesem Kapitel generierten Ergebnisse dienen in den folgenden Kapiteln als Ausgangswerte und bilden damit den Referenzzustand.

5.1 Probenvorbereitung und Herstellung der Probekörper

5.1.1 Pulveranalyse

Ziel der Pulveranalyse ist die Untersuchung der Ausgangsmaterialien und die Validierung einer gleichmäßigen Durchmischung der Pulver durch das Trockenmischen mittels Taumelmischer. Dafür werden verschiedene Pulveranalysen durchgeführt und mit den daraus theoretisch resultierenden Pulvereigenschaften verglichen. Im Folgenden werden zuerst die untersuchten Pulvereigenschaften hinsichtlich der Verarbeitbarkeit diskutiert und anschließend über Vergleiche von Soll- und Istwerten eine Aussage zur Qualität der erreichten Durchmischung der Pulver getroffen.

Vorab werden die Pulver und Pulvermischungen hinsichtlich der in dieser Arbeit relevanten Eigenschaften (Morphologie, Gesamtporosität, Fließfähigkeit, Schüttdichte, Restfeuchte, Partikelgrößenverteilung, Absorption der Laserstrahlung bei 1070 nm Wellenlänge) und der chemischen Zusammensetzung analysiert. Dafür wird jeweils eine Probe von 200 g entnommen. Die Menge ergibt sich aus dem benötigten Pulverumfang für die jeweiligen Analysemethoden. Zu beachten ist, dass eine Entmischung durch Erschütterungen nach der Entnahme bei den Pulvermischungen weitestgehend vermieden wird. Eine Übersicht der verwendeten Messtechnik ist dem Kapitel 4.4.1 zu entnehmen.

Die Morphologie der Pulverpartikel vor und nach dem Mischen wird mittels REM untersucht. Dabei wird insbesondere auf Unregelmäßigkeiten der Geometrie und hinsichtlich Herstellungsfehlern untersucht. Idealerweise sind die Pulverpartikel sphärisch und weisen keine Satelliten auf. Satelliten stellen kleinere an den größeren Partikeln angesinterte Partikel dar. Des Weiteren werden Querschliffe (s. Kapitel 4.3.1) der verschiedenen Ausgangspulver angefertigt, um anschließend die Pulverpartikel auf Defekte wie bspw. Poren zu untersuchen. Poren in den Pulverpartikeln können während des LPBF-Prozesses zu Poren im Bauteil führen, da lokal dadurch nicht genügend Material zur Verfügung steht und die Schüttdichte dadurch reduziert wird [Rie20]. Als Nächstes werden die Fließfähigkeit und die Schüttdichte analysiert. Die Fließfähigkeit wird anhand des Lawinenwinkels bewertet und mit einem Powder Revolution Analyzer gemessen. Dafür wird Pulver in eine rotierende Trommel gegeben und dann gemessen, ab welchem Winkel (Lawinenwinkel) das Pulver abrutscht. Nach [Spi16] ist der

Lawinenwinkel zusammen mit dem Oberflächenfraktal nutzbar zur Einschätzung der Fließfähigkeit eines Pulvers. Das Oberflächenfraktal gibt an, wie eben die Oberfläche beim Abrutschen des Pulvers beim Erreichen des Lawinenwinkels ist. Absolut eben und glatt stellt einen Wert von 1 für das Oberflächenfraktal dar. Zur Bildung von Mittelwert und Standardabweichung (SD) werden in dieser Arbeit tausend Lawinen je Pulverwerkstoff analysiert. Die Trommel wird mit 0,3 Umdrehungen pro Minute rotiert. Zur Visualisierung ist ein Bild der Messung dem Anhang zu entnehmen (s. Abbildung 17.5). Die Schüttdichte wird mit einem Hall-Flowmeter nach DIN EN ISO 3923-1 gemessen. Die Schüttdichte hängt von der Morphologie, PSD und dem Vorliegen von Poren im Pulver ab. Sie hat einen Einfluss auf die resultierende rel. Dichte der Bauteile [Rie20]. Zusätzlich wird die Restfeuchte des Pulvers bestimmt, da zu viel Feuchte zu Defekten in den Bauteilen führen kann [Rie20]. Falls zu viel Feuchte im Pulver ist, muss dieses vor der Verarbeitung getrocknet werden. Abschließend werden die PSD, die Absorption bei 1070 nm Wellenlänge und die chemische Zusammensetzung bestimmt. Die PSD wird durch einen Camsizer auf Basis einer Projektion der Pulverfläche im Querschnitt ermittelt. Dabei wird Pulver durch ein Trägergas an einem Kamerasystem vorbeigeleitet, das mit einer Rate von >300 Frames/s Bilder aufnimmt. Die typische PSD für den LPBF-Prozess liegt zwischen 15 und 45 µm Partikeldurchmesser. Kleine PSDs führen zu einer reduzierten Fließfähigkeit, aber einer erhöhten Schüttdichte im Vergleich zu größeren PSDs [Rie20; Kni21]. Die Absorption der Pulver und Pulvermischungen gibt den Anteil der Aufnahme an Energie der Laserstrahlung ins Pulver an. Diese ist abhängig von der Legierungszusammensetzung als auch der Morphologie des Pulvers. Je größer die Absorption, desto geringer ist der benötigte Energieeintrag, um Pulver aufzuschmelzen [Mei99]. Für die Analyse der chemischen Zusammensetzung mittels nasschemischer Analyse (s. Tabelle 4.4) werden zusätzlich je Pulver und Pulvermischung eine Probe von 50 g aus der Gesamtmasse willkürlich entnommen. Bei der Pulvermischung wird die Probe direkt nach dem Mischvorgang bei der Entnahme aus dem Taumelmischer entnommen, um mögliche nachfolgende Entmischungen zu vermeiden.

5.1.2 Bestimmung der Ausgangschemie

Zur Bestimmung der chemischen Zusammensetzung nach der Verarbeitung werden jeweils drei Quader_1 mittig auf der Bauplattform positioniert hergestellt. Zuerst werden Proben aus PM5 und VL hergestellt und anschließend analysiert, um darauf aufbauend eine Pulvermischung zu generieren (PM7), die eine möglichst ähnliche chemische Zusammensetzung nach der Verarbeitung wie die des VL aufweist. Aus der identifizierten chemischen Zusammensetzung (PM7) werden anschließend wie mit PM5 und VL wiederum drei Quader_1 mittig auf der Bauplattform positioniert hergestellt. PM7 wird insbesondere für den Vergleich der Mikrostruktur und der mechanischen Eigenschaften verwendet, da schon geringe Abweichungen in der chemischen Zusammensetzung aufgrund des zu erwartenden Duplexgefüges signifikante Unterschiede bei der Ausbildung der Phasen bewirken können.

In Abbildung 5.1 ist die Positionierung und die Anordnung der Probekörper für die Versuche zur Untersuchung der Ausgangschemie nach der Verarbeitung dargestellt.

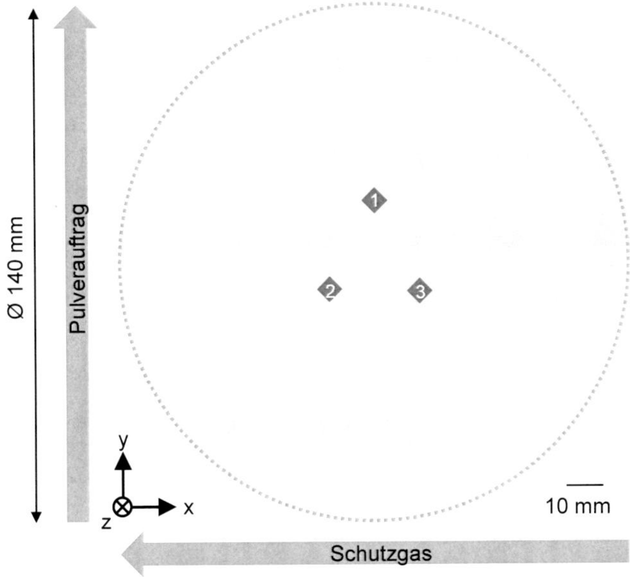

Abbildung 5.1: Positionierung und Nummerierung der Probekörper auf der Bauplattform: Versuch zur Bestimmung der Ausgangschemie von VL, PM5 und PM7 nach der Verarbeitung

Aufgebaute Probekörper werden entsprechend der in Kapitel 4.3.1 erläuterten Präparationsmethoden präpariert und die relative Dichte der Probekörper bestimmt (s. Kapitel 4.4.2). Die Messung der chemischen Zusammensetzung erfolgt mittels nasschemischer Analyse. Dafür wird eine Probe aus der Mitte der Probekörper mit einem Trennschleifer herausgetrennt zur Vermeidung von Messfehlern durch Unterschiede in den Randbereichen der Probekörper.

5.1.3 Verteilung der Elemente auf der Bauplattform

Im nächsten Schritt werden die Eigenschaften der Pulvermischungen während der Pulverbeschichtung untersucht, um die resultierende Verteilung der Partikel bzw. Elemente auf der Bauplattform zu bestimmen. Die Versuche hierzu werden repräsentativ für die Pulvermischungen mit PM5 durchgeführt. Dafür wird die Verteilung des Aluminiums vor und nach der Verarbeitung auf der Bauplattform untersucht.

Die Anordnung der Probekörper des ersten Versuchs zur Bestimmung der Verteilung des Aluminiums vor der Verarbeitung ist in Abbildung 5.2 dargestellt.

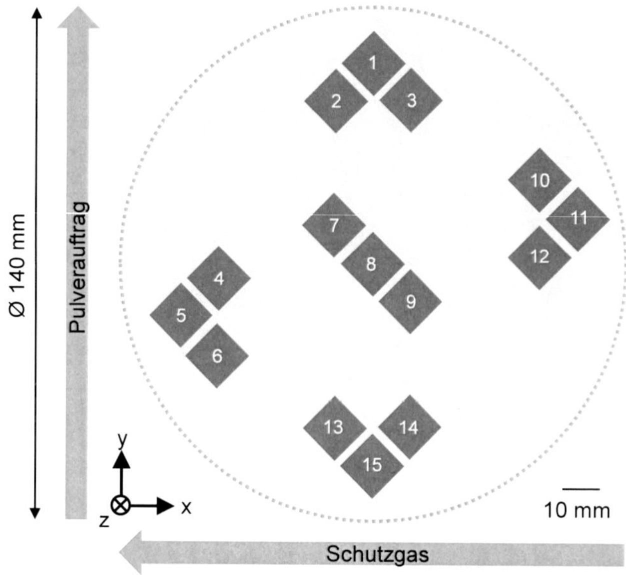

Abbildung 5.2: Positionierung und Nummerierung der Probekörper auf der Bauplattform: Versuch zur Untersuchung der Verteilung der Elemente auf der Bauplattform vor der Verarbeitung

Je drei Hollow-Cubes rechts, links, oben, unten und in der Mitte der Bauplattform werden hergestellt. Die chemische Zusammensetzung des eingeschlossenen Pulvers wird mittels RFA (Kapitel 4.4.5) analysiert.

Die Anordnung der Probekörper des zweiten Versuchs zur Bestimmung der Verteilung des Aluminiums nach der Verarbeitung ist in Abbildung 5.3 zu erkennen.

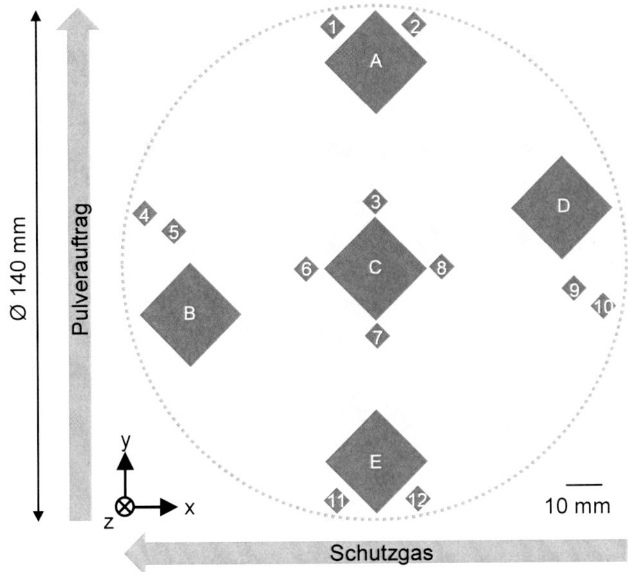

Abbildung 5.3: Positionierung und Nummerierung der Probekörper auf der Bauplattform: Versuch zur Untersuchung der Verteilung der Elemente auf der Bauplattform nach der Verarbeitung

Insgesamt werden fünf Quader_2 (A-E) und zwölf Quader_1 (1-12) hergestellt. Danach wird die chemische Zusammensetzung mittels EDX und OES bestimmt.

5.2 Versuchsergebnisse

5.2.1 Pulveranalyse

Im Folgenden werden die Ergebnisse der Pulveranalysen aufgeführt und beschrieben. Zuerst werden die Morphologie und die PSD betrachtet, anschließend die Pulver- bzw. Materialeigenschaften. In Abbildung 5.4 ist die Morphologie mittels REM-Bild und die Verteilung der Partikelanzahl und volumetrischen Verteilung über die Partikelgröße aufgetragen. Ergänzend dazu werden im Anhang in Tabelle 17.2 die daraus entnommenen Perzentile (d10, d50 und d90) aufgelistet.

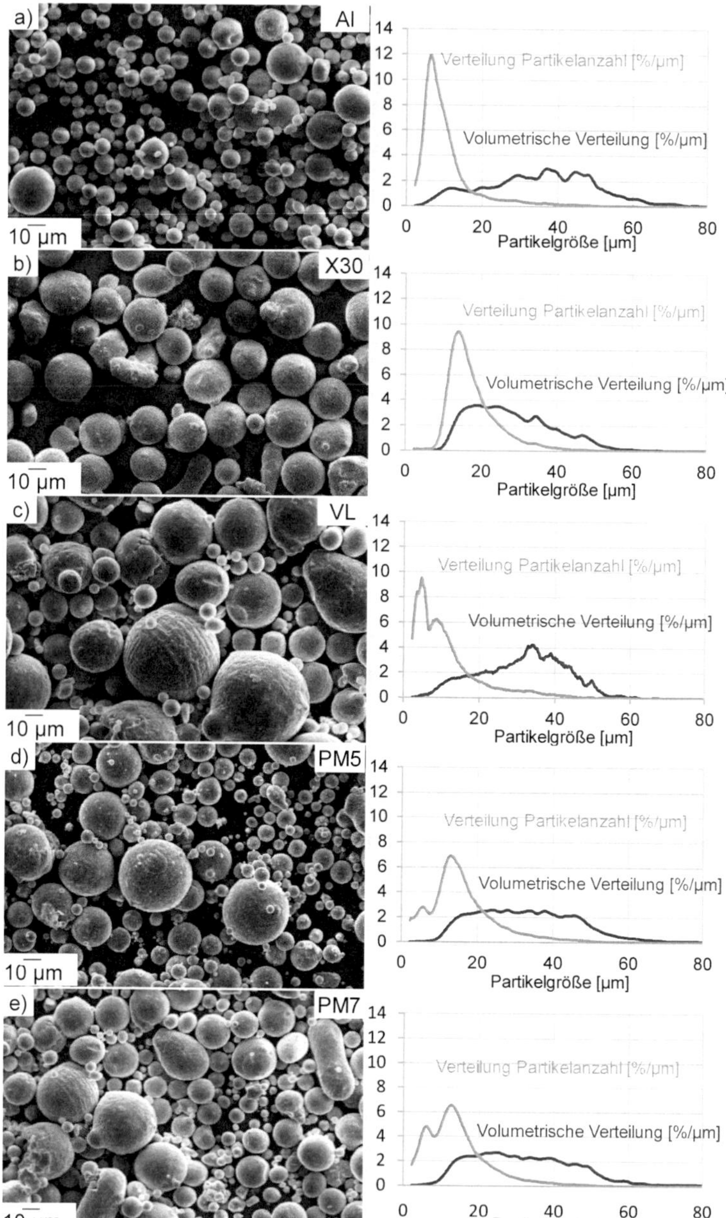

Abbildung 5.4: links: REM Aufnahme; rechts: Verteilung der Partikelanzahl und die volumetrische Verteilung in [%/µm]; a) eAl, b) X30, c) VL, d) PM5, e) PM7

Links in den REM-Aufnahmen ist zu sehen, dass die Partikelgeometrie der Pulver überwiegend sphärisch ist und nur wenige Partikel Satelliten aufweisen. Einer der wenigen Satelliten ist in der REM-Aufnahme c) vom VL unten rechts zu sehen. Die volumetrische Verteilung und die der Partikelanzahl variiert zwischen den einzelnen Pulvern. In den Verteilungskurven ist zum einen die Verteilung der Partikelanzahl in [%] über die Partikelgröße in [µm] und zum anderen die volumetrische Verteilung in [%] über die Partikelanzahl in [µm] aufgetragen. Das Al in a) hat den Peak in der Partikelanzahl bei ca. 8 µm und volumetrisch bei ca. 40 µm. Beim X30 in b) hat die größte Anzahl der Partikel eine Größe von ca. 15 µm; der volumetrische größte Anteil liegt bei ca. 20 µm. Beim VL in c) ist der Verteilung der Partikelanzahl zu entnehmen, dass die meisten Partikel eine Größe < 10 µm haben, was aber volumetrisch gesehen nur einen kleinen Anteil ausmacht. Der volumetrisch größte Anteil liegt bei einer Partikelgröße von ca. 35 µm. In den Graphen der Partikelanzahl über die Partikelgröße von PM5 und PM7 in d) und e) sind die Peaks von Al und X30 wiederzufinden. Zusammenfassend liegt die volumetrische Verteilung aller Pulver und Pulvermischungen zwischen d10 = 12 µm und d90 = 53 µm. Das ist sowohl der Verteilungskurve in Abbildung 5.4 als auch den Perzentilen in Tabelle 17.2 zu entnehmen. Zudem werden in den Querschliffen der untersuchten Pulver und Pulvermischungen keine Poren innerhalb der Pulverpartikel festgestellt (s. Abbildung 17.6).

In Tabelle 5.1 sind die Pulvereigenschaften Schüttdichte, Absorption bei einer Wellenlänge von 1070 nm und Lawinenwinkel der jeweiligen Pulver und Pulvermischungen aufgelistet.

Tabelle 5.1: Gemessene Pulvereigenschaften Schüttdichte, Absorption bei einer Wellenlänge von 1070 nm und Lawinenwinkel der verwendeten Pulver und Pulvermischungen

Pulver	Schüttdichte [g/cm³]	Absorption [%]	Lawinenwinkel [°]
eAl	0,82 ±0,17	49,23 ±0,01	88,25 ±0,57
X30	4,11 ±0,03	71,49 ±0,01	35,53 ±0,10
VL	3,95 ±0,01	70,28 ±0,01	39,76 ±0,09
PM5	3,89 ±0,03	65,31 ±0,01	35,64 ±0,09
PM7	3,85 ±0,01	64,52 ±0,01	36,27 ±0,05

Die Schüttdichte des eAl liegt bei 0,82 g/cm³ und damit bei ca. 30 % der Dichte von Aluminium. Alle anderen Schüttdichten liegen bei einem Wert von etwa 4 g/cm³ und damit bei ca. 60 % der Materialdichte von HMnS. Die höchste Schüttdichte weist X30 auf. Die niedrigste Absorption mit 49,23 % bei einer Wellenlänge von 1070 nm hat das eAl und die höchste X30. Mit steigendem Aluminiumgehalt in den Pulvermischungen sinkt die Absorption. Beim VL ist die Absorption im Bereich von X30. Der

Lawinenwinkel von eAl ist am höchsten mit 88,25° und am niedrigsten bei X30 mit 35,53°. Mit Hinzufügen von 5 Gew% eAl steigt der Lawinenwinkel um ca. 1°. Der Lawinenwinkel von VL ist 39,76°. Alle Pulver werden vor der erstmaligen Verwendung für 3–4 h bei 80 °C getrocknet, um eventuelle Fehler durch Feuchtigkeit im Pulver auszuschließen.

5.2.2 Bestimmung der Ausgangschemie

In Tabelle 5.2 ist die chemische Zusammensetzung der Pulver und Pulvermischungen aufgelistet. Die Werte sind mittels nasschemischer Analyse gemessen. Das eAl hat eine Reinheit von 99,9 % bei Auslieferung und wird daher nicht weiter analysiert.

Tabelle 5.2: Chemische Zusammensetzung der Pulver und Pulvermischungen vor der Verarbeitung in [Gew%] gemessen mittels nasschemischer Analyse und der berechneten chemischen Zusammensetzung der Pulvermischungen aus der chemischen Zusammensetzung von X30 und eAl

Elemente	X30	VL	PM5	PM7
C	0,33	0,37	0,31	0,30
Al	0	6,18	5,00	7,00
Mn	21,00	20,30	19,29	18,75
Fe	78,77	73,15	75,69	74,22

Das X30 weicht mit 0,33 Gew% Kohlenstoff und 21 Gew% Mangan um 0,03 Gew% Kohlenstoff und um 1 Gew% Mangan von der nominellen chemischen Zusammensetzung ab. Beim VL ist 0,085 Gew% Kohlenstoff und 1,18 Gew% Aluminium zu viel im Vergleich zur nominellen Legierungszusammensetzung (s. Tabelle 4.3) und 0,6 Gew% Mangan zu wenig.

Tabelle 5.3 stellt die mittels nasschemischer Analyse ermittelten chemischen Zusammensetzungen nach der Verarbeitung von X30, VL, PM5 und PM7 dar.

Tabelle 5.3: Chemische Zusammensetzung der Pulver und Pulvermischungen nach der Verarbeitung in [Gew%] gemessen mittels nasschemischer Analyse

Elemente	X30	VL	PM5	PM7
C	0,30	0,37	0,33	0,32
Al	0	6,77	4,89	6,81
Mn	19,10	19,22	18,00	18,94
Fe	80,60	73,64	76,78	73,93

Relativ zur chemischen Zusammensetzung der Pulver und Pulvermischungen ist Mangan bei allen Pulvern und Pulvermischungen im Vergleich zu vor der Verarbeitung reduziert. Bei den Pulvermischungen fällt zudem der Aluminiumgehalt geringer aus, wohingegen der Aluminiumgehalt beim VL nach der Verarbeitung geringfügig steigt. Der Kohlenstoffgehalt ist entsprechend dem vor der Verarbeitung bei allen gemessenen Probekörpern.

5.2.3 Verteilung der Elemente auf der Bauplattform

In Abbildung 5.5 ist die Verteilung des Aluminiumgehaltes vor und nach der Verarbeitung aufgetragen. Die Werte vor und nach der Verarbeitung sind relativ zueinander zu interpretieren, da diese mit unterschiedlichen Messtechniken analysiert werden und daher Abweichungen in den absoluten Werten entstehen können.

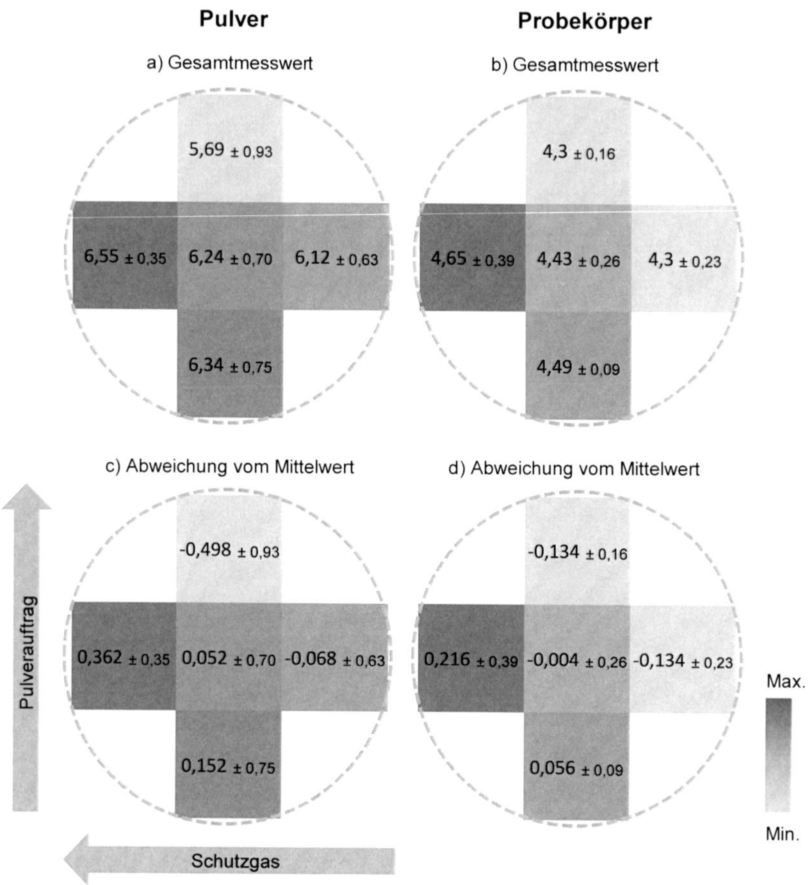

Abbildung 5.5: Verteilung des Aluminiums auf der Bauplattform in x/y Richtung nach dem Pulverauftrag a) Gesamtmesswert vor der Verarbeitung (RFA); b) Gesamtmesswert nach der Verarbeitung (EDX); c) Abweichung vom Mittelwert vor der Verarbeitung (RFA); d) Abweichung vom Mittelwert nach der Verarbeitung (EDX) angegeben in [Gew%]

Der Aluminiumgehalt nimmt in Richtung des Pulverauftrags und entgegen der Schutzgasströmungsrichtung ab. Vor der Verarbeitung liegt der Aluminiumgehalt zwischen min. 5,69 Gew% und max. 6,55 Gew% und weicht negativ um max. -0,498 Gew% und positiv um max. 0,362 Gew% ab. Nach der Verarbeitung variiert der Aluminiumgehalt zwischen min. 4,30 Gew% und max. 4,65 Gew%. Die max. negative Abweichung ist -0,134 Gew% und die max. positive Abweichung ist 0,216 Gew% vom Mittelwert. Der minimale Aluminiumgehalt wird jeweils am Ende der Bauplattform in Richtung des Pulverauftrags gemessen und der maximale Aluminiumgehalt am Ende der Bauplattform in Richtung der Schutzgasströmung. Die in Abbildung 5.5 b) zu sehenden Trends, dass der Aluminiumgehalt zum Pulverüberlauf und entlang der Schutzgasströmung abfällt, werden auch durch die Ergebnisse der OES-Analyse bestätigt. Ähnlich der EDX-

Ergebnisse variiert der Aluminiumgehalt bei den Ergebnissen der OES-Analyse zwischen 4,2 Gew% und 4,5 Gew%.

5.3 Diskussion

5.3.1 Pulveranalyse

Alle verwendeten Pulver weisen eine größtenteils sphärische Partikelform und wenig Satellitenbildung auf. Durch eine sphärische Partikelform wird bewirkt, dass die Reibung und Verklammerung der Partikel während der Pulverbeschichtung untereinander geringer ist als bei unregelmäßig geformten Partikeln. Daraus resultiert, dass die Form der hier verwendeten Pulver vorteilhaft für einen gleichmäßigen Pulverauftrag ist [Tan17b; Kni21]. Die PSD aller Pulver liegt zwischen 12 und 53 µm und ist damit innerhalb der für den LPBF typischerweise verwendeten PSD [Kni21]. Da alle Pulver in der ähnlichen Größenordnung liegen, sind sie für den Vergleich geeignet und es ist davon auszugehen, dass der Einfluss der Partikelgröße auf die Ergebnisse gering ist. Außerdem werden keine Poren in den Querschliffen der Pulver gefunden (s. Abbildung 17.6), die eine Reduzierung der Schüttdichte bewirken und damit zu Prozessfehlern und Porenbildung während der Verarbeitung führen können [Sch21b]. Bei der Absorption der Laserstrahlung bei der Wellenlänge des in dieser Arbeit genutzten Lasers von 1070 nm absorbiert PM5 und PM7 ca. 5 % weniger Laserstrahlung auf als VL. Der Unterschied der Absorption resultiert aus dem hinzugemischten eAL, da dieses bei 1070 nm Wellenlänge absolut ca. 30 % weniger Laserstrahlung absorbiert als X30 und VL. Der Lawinenwinkel, der eine Aussage über das Fließverhalten von Pulver zulässt, ist beim VL mit 39,76° größer als bei PM5 mit 35,64° und PM7 mit 36,27°. Das bedeutet, dass die Fließfähigkeit bei VL geringer ist als bei den Pulvermischungen. Da der Unterschied nur wenige Grad beträgt, kann davon ausgegangen werden, dass der Unterschied einen geringen Einfluss auf die Versuchsergebnisse hat [Sch21b]. Kritisch für den LPBF-Prozess sind Lawinenwinkel >50° [Spi16], da somit keine zuverlässige Messung mehr durchgeführt werden kann. Auch ist in diesem Fall das untersuchte Pulver nur noch bedingt fließfähig und es ist keine reproduzierbare Pulverbeschichtung mittels Bürste, Lippe und Klinge mehr möglich.

In der folgenden Tabelle 5.4 sind die nach Formel 4.1 berechneten Werte der Schüttdichte, entsprechend der Anteile der Pulvermischungen, den gemessenen Werten gegenübergestellt.

$$(X_{P1} \,.\, S_{g1}) + (X_{P2} \,.\, S_{g2}) = S_b \qquad (4.1)$$

- X_P Gew%/100
- S_g gemessene Schüttdichte
- S_b berechnete Schüttdichte

Daraus kann abgeleitet werden, ob die Pulvermischungen entsprechend der Zielzusammensetzung gemischt sind und ob das eAl vermutlich gleichmäßig in der Pulvermischung verteilt ist.

Tabelle 5.4: Vergleich der gemessenen Werte der Schüttdichte mit den aus den gemessenen Werten der Basispulver (X30 und eAl) entsprechend der Anteile in den Pulvermischungen

	PM5		**PM7**	
	gemessen	**berechnet**	**gemessen**	**berechnet**
Schüttdichte [g/cm³]	3,89 ± 0,027	3,94	3,85 ± 0,032	3,88

Bei der Schüttdichte stimmen die gemessenen Werte mit denen der berechneten Werte überein und liegen mit 1 % bei PM5 und 1,5 % bei PM7 innerhalb der Toleranz des nach DIN EN ISO 3923-1 genormten Messverfahrens der Schüttdichte. Das bedeutet, dass die Anteile der Basispulver innerhalb der Pulvermischungen entsprechend der gewünschten Mischverhältnisse vermischt sind. Dies bezieht sich auf einen Probenumfang von ca. 50 g auf einen Gesamtumfang von 50 kg. Ein weiteres Indiz, dass die Pulvermischungen durchmischt sind, geht aus der Verteilung der Partikelanzahl aufgetragen über die Partikelgröße hervor. In Abbildung 5.6 ist die Partikelanzahl über die Partikelgröße dargestellt.

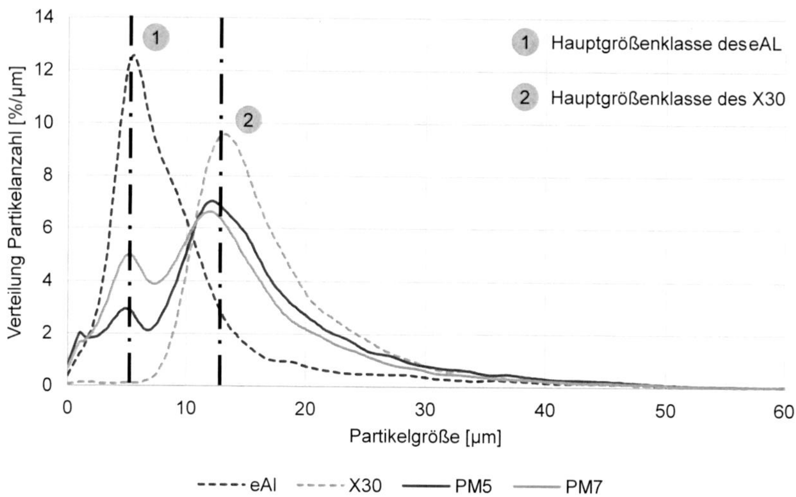

Abbildung 5.6: Verteilung der Partikelanzahl [%/µm)] aufgetragen über die Partikelgröße [µm] der Pulver und der Pulvermischung zur Analyse der Hauptgrößenklassen der jeweiligen Pulver

Durch die beiden gestrichelten Linien wird der Verlauf der Verteilung der Partikelanzahl abhängig der Partikelgröße von eAl und X30 dargestellt. Die beiden Volllinien stehen für die Verteilung von PM5 und PM7. Zu sehen ist, dass die Pulvermischungen jeweils einen Peak in der Hauptgrößenklasse des eAl und des X30 aufweisen. Zudem steigt der Peak in der Hauptgrößenklasse des eAl von PM5 zu PM7 an. Ähnlich verhält sich die Absorption, die mit steigendem eAl in den Pulvermischungen, wie zu erwarten, abnimmt. Da die Eigenschaften einer Mischung von der Verteilung und den Eigenschaften ihrer einzelnen Bestandteile abhängen, deuten die Ergebnisse auf eine gleichmäßige Durchmischung des eAls innerhalb der Pulvermischungen hin [Sch07, S. 102]. Außerdem kann aus den Ergebnissen der Pulvereigenschaften keine Aussage auf die lokale Verteilung der Partikel des eAl getroffen werden. Das heißt, dass Akkumulationen des Aluminiums nicht ausgeschlossen werden können und somit ein lokal ungleichmäßiger Aluminiumgehalt in den Pulvermischungen vorliegen kann.

5.3.2 Bestimmung der Ausgangschemie

Die Ausgangschemie von VL und der Pulvermischungen wird bestimmt, um diese im weiteren Verlauf der Arbeit als Bezug zu nutzen. Zudem wird untersucht, ob die chemische Zusammensetzung durch die Verarbeitung beeinflusst wird. Die nominelle Zusammensetzung ist in Tabelle 4.3 aufgetragen. Das VL weicht um 1,18 Gew% von den gewünschten 5 Gew% Aluminium ab. Das ist darauf zurückzuführen, dass das in dieser Arbeit verwendete VL eine Sonderverdüsung ist und keine Gewährleistung auf die resultierende chemische Zusammensetzung nach der Verdüsung gegeben wird. Dieser Aspekt soll aber im weiteren Verlauf keine Auswirkungen auf die Ergebnisse haben, da (s. Kapitel 5) zwei Pulvermischungen erzeugt und untersucht werden: erstens die mit den vorher definierten 5 Gew% Aluminium und zweitens eine Legierung mit exakt dem Mischverhältnis, um die resultierende chemische Zusammensetzung des VL nach der Verarbeitung zu treffen. Damit wird vermieden, dass bei der Analyse und dem Vergleich der Mikrostruktur der Einfluss der chemischen Zusammensetzung auf die Ergebnisse den Einfluss der Pulvermischungen auf die Verarbeitung überwiegt. Außerdem können mit einer zweiten Pulvermischung Ergebnisse validiert und bestätigt werden.

Nach der Verarbeitung weicht die chemische Zusammensetzung der Probekörper von jener der Pulver und Pulvermischungen aufgrund von Effekten während der Verarbeitung ab. Die Verdampfung wird in der Literatur als die häufigste Ursache für Abweichungen zwischen der chemischen Zusammensetzung vor und nach der Verarbeitung genannt [Yin21; Bid18]. Zu sehen ist, dass bei allen verarbeiteten Pulvern und Pulvermischungen der Mangangehalt in den Probekörpern geringer ist als vor der Verarbeitung. Das ist auf die vorwiegende Verdampfung von Mangan in der hier untersuchten Legierung zurückzuführen. Dies wird in Kapitel 0 genauer erläutert und diskutiert. Entgegengesetzt dazu wird der Anteil an Eisen relativ gesehen größer und der Kohlenstoffgehalt bleibt gleich. Das ist bei den Probekörpern aus VL als auch den Probekörpern aus den Pulvermischungen erkennbar. Der Aluminiumgehalt wird beim VL größer und bei den Pulvermischungen geringer nach der Verarbeitung. Beim VL ist der Aluminiumanteil bereits in der Legierung, wobei der Aluminiumanteil bei den Pulvermischungen in elementarer Pulverform vorliegt. Die Reduzierung des Aluminiumgehaltes während der Verarbeitung kann durch Entmischungen des eAl und durch eine Reduzierung während des Umschmelzvorgangs auftreten. Daraus resultieren die folgenden beiden Thesen, die im Laufe der Arbeit weiter untersucht werden.

These 1:

Das Aluminium wird bei den Pulvermischungen durch Entmischungseffekte während der Verarbeitung von der Bauplattform abgeführt. Zum einen bewirkt die Schutzgasströmung eine Entmischung des eAls und zum anderen die Pulverbeschichtung.

These 2:

Der Aluminiumgehalt wird während des Umschmelzvorgangs bei den Pulvermischungen durch eine verstärkte Verdampfung durch das Vorliegen des Aluminiums in elementarer Form reduziert.

Um die oben genannten Thesen verifizieren zu können, müssen weitere Versuche und Untersuchungen durchgeführt werden. Zuerst wird in Kapitel 5.3.3 der Fokus auf These 1 (Pulverbeschichtung und Schutzgasströmung) gelegt. In dem darauffolgenden Kapitel 6 liegt der Fokus auf These 2 und dem damit verbundenen Verhalten des Aluminiums und der Legierungselemente während des Umschmelzvorgangs.

5.3.3 Verteilung der Elemente auf der Bauplattform

Im Folgenden werden die aus den Ergebnissen hervorgehenden Trends diskutiert und genauer untersucht. In den Ergebnissen (s. Kapitel 5.2.3) sind im Wesentlichen zwei Trends zu erkennen:

1) Der Aluminiumgehalt nimmt in Pulverbeschichtungsrichtung ab.
2) Der Aluminiumgehalt nimmt in Richtung der Schutzgasströmung zu.

Auffällig ist, dass der Aluminiumgehalt vor der Verarbeitung überall ca. 1,5 Gew% höher ist als danach. Das lässt darauf schließen, dass während der Verarbeitung Aluminium dissipiert, wie auch schon in Kapitel 5 festgestellt. Im Folgenden wird der Einfluss der Pulverbeschichtung und der Schutzgasströmung genauer betrachtet und entsprechend der Trends und dem Abfall des Aluminiumgehaltes diskutiert. Der Einfluss der Belichtung wird in Kapitel 6 und Kapitel 7 untersucht.

Entmischungen während der Pulverbeschichtung können entstehen, da das Pulver von der Supplyplattform über die Bauplattform hinweggeschoben wird und damit eine relative Bewegung der Pulverpartikel zueinander auftritt [Heb16; Ben62]. Bei der Aufnahme des Pulvers durch den Beschichter über der Supplyplattform wird ein Pulverberg vor dem Beschichter gebildet, der in Abhängigkeit des Supplyfaktors in der Größe variiert. In dieser Arbeit wird nicht genauer auf den Einfluss des Supplyfaktors eingegangen, da dieser vorab zur Eingrenzung des Probenumfangs auf die doppelte Schichtdicke festgelegt wird (s. Kapitel 4.1.4). Falls ein Einfluss der Pulverbeschichtung festgestellt wird, ist davon auszugehen, dass der Supplyfaktor auch einen Einfluss hat. Das dann in folgenden Arbeiten näher untersucht werden sollte. Der über der Supplyplattform gebildete Pulverberg wird vor dem Beschichter her über die Bauplattform hinweg (anlagenspezifische Länge von 350 mm von Anfang Supplyplattform bis zum Ende der Bauplattform) geschoben. Die Bewegung der Partikel innerhalb des Pulverbergs bei der Pulverbeschichtung wird aus den resultierenden Reibkräften der Reibung zwischen den Partikeln im Pulverberg selbst und der Reibung der Partikel mit der Pulverbeschichtungsebene bzw. der darunterliegenden eingeschmolzenen Schicht gebildet.

Die Pulverbeschichtungsebene besteht, bis auf die belichteten Bereiche auf der Bauplattform, aus Pulver. Die relativen Bewegungsgeschwindigkeiten der Partikel innerhalb des Pulverbergs hängen von den Reibungskoeffizienten der Pulverpartikel zueinander und der Pulverbeschichtungsgeschwindigkeit ab. Die Pulverbeschichtungsgeschwindigkeit wird zur Reduzierung des Probenumfangs konstant gehalten und nicht weiter untersucht. Aus der Literatur [Heb16; Ben62; Seh21] kann entnommen werden, dass durch die Bewegung der Partikel während der Pulverbeschichtung eine Entmischung aufgrund unterschiedlicher Partikelform, der Partikelgröße und der Materialdichte anzunehmen ist. Die Partikelform kann ausgeschlossen werden, da diese bei X30 und eAl ähnlich ist. Die Partikelgröße und die Dichte unterscheiden sich bei X30 und eAl. Bei eAl wird der Feinanteil nicht herausgesiebt, wodurch eine große Anzahl an kleinen Partikeln <15 µm vorliegt. eAl hat mit einer Materialdichte von 2,7 g/cm³ nur 1/3 der Dichte von X30 mit 7,8 g/cm³. Kleine Partikel sinken nach unten und Partikel mit einer geringeren Dichte nach oben [Sch07].

Die Ergebnisse der Verteilung des Aluminiums auf der Bauplattform (s. Abbildung 5.5) zeigen, dass der Aluminiumgehalt in Pulverbeschichtungsrichtung abnimmt. Das führt zur Annahme, dass eine Entmischung des Aluminiums durch die geringere Materialdichte in Richtung der Oberseite des Pulverbergs während der Pulverbeschichtung vorwiegend stattfindet. Das würde bedeuten, dass der Effekt der Entmischung aufgrund von Materialdichte in der hier vorliegenden Pulvermischung größer ist als der Effekt der Entmischung wegen der Partikelgröße. Dadurch würde das Aluminium an der Oberseite des Pulverbergs aufschwimmen und der Aluminiumgehalt an der Unterseite des Pulverbergs mit zunehmender Pulverbeschichtungslänge abnehmen. Als Nebeneffekt wird der relative Aluminiumgehalt innerhalb des Pulverbergs größer. Somit wird eine relativ gesehen größere Menge an Aluminium aus der Baukammer in den Pulverüberlauf durch den Beschichter abgeführt. Außerdem ist der Transport von Pulver durch die Schutzgasströmung am größten, wenn der Beschichter über die Bauplattform fährt. Dadurch entstehen Verwirbelungen am Beschichter, die Pulverpartikel mitreißen können und die, falls der Aluminiumgehalt an der Oberfläche am höchsten ist, zu einem erhöhten Aluminiumabtrag führen. In Abbildung 5.7 ist schematisch die angenommene Bewegung der Aluminiumpartikel innerhalb des Pulverbergs dargestellt.

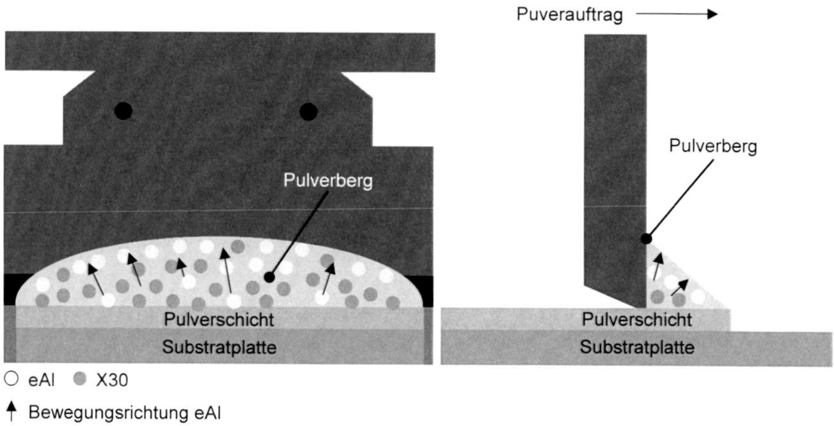

Abbildung 5.7: Angenommene Bewegungsrichtung der eAL-Partikel innerhalb des Pulverbergs während des Pulverbeschichtungsvorgangs (links Vorderansicht und rechts Seitenansicht von links)

Um die These zu validieren, dass der Aluminiumgehalt an der Oberseite des Pulverbergs zunimmt und an der Unterseite abnimmt, wird ein weiterer Versuch durchgeführt.

Validierung der Entmischungsvorgänge während der Pulverbeschichtung

Zur weiteren Untersuchung wird ein „Pulverauftrag“ ohne Belichtung mit PM7 durchgeführt, in dem anschließend die chemische Zusammensetzung des Pulvers im Überlauf und als Referenz das Pulver im Pulvervorrat hinsichtlich der chemischen Zusammensetzung analysiert wird. Insgesamt werden 500 Schichten mit den in Kapitel 4.1.4 beschriebenen Maschinenparametern aufgetragen. Die Schichtdicke wird auf 30 µm festgesetzt. Abschließend werden jeweils fünf Proben aus dem Überlauf und fünf Proben aus dem Pulvervorrat von je 50 g entnommen und entsprechend Kapitel 4.4.5 mittels RFA hinsichtlich der chemischen Zusammensetzung untersucht. In Tabelle 5.5 sind die daraus resultierenden Ergebnisse aufgetragen.

Tabelle 5.5: Chemische Zusammensetzung des PM7 im Überlaufbehälter nach der Pulverbeschichtung und als Referenz im Pulvervorrat gemessen mittels RFA. Der Kohlenstoffanteil wird nicht berücksichtigt.

Bezeichnung	**Fe**	**Mn**	**Al**
Referenz	75,58 ± 0,16	18,78 ± 0,09	5,63 ± 0,11
Überlauf	72,79 ± 0,15	16,76 ± 0,08	10,45 ± 0,15

Im Überlauf wird 10,45 Gew% Aluminium im Mittel gemessen und in der Referenzprobe 5,63 Gew% Aluminium. Der geringe gemessene Aluminiumgehalt in der Referenzprobe kann in den Ungenauigkeiten der RFA begründet sein, da der verwendete Messparametersatz für HMnS nur bis zu einem Aluminiumgehalt von 3 Gew%

kalibriert ist, da herkömmliche HMnS bis max. 3 Gew. Al aufweisen. Damit enthält das Pulver im Überlauf doppelt so viel Aluminium wie in der Referenzprobe. Das bestätigt die These, dass Aluminium während der Pulverbeschichtung an der Oberseite des Pulverbergs angereichert, aus der Prozesskammer herausgeführt und durch das kontinuierliche Aufschwimmen des Aluminiums der Aluminiumgehalt im Pulverberg an der Unterseite reduziert wird. Ebenso ist dadurch das Abfallen des Aluminiumgehaltes auf der Bauplattform in Pulverbeschichtungsrichtung zu erklären.

Des Weiteren ist der Trend zu beobachten, dass der Aluminiumgehalt sowohl vor als auch nach der Verarbeitung in Richtung der Schutzgasströmung ansteigt. Naheliegend ist, dass die Schutzgasströmung neben der Pulverbeschichtung auch eine Entmischung bzw. einen Einfluss auf die Verteilung des eAL auf der Bauplattform hat. Hierzu sind keine Erklärungen in der Literatur zu finden. Aus der Literatur ist jedoch bekannt, dass Pulver durch die Schutzgasströmung mitgerissen werden kann und teilweise abgesaugt wird [Kar18; Mat16]. Somit könnte dies eine weitere Ursache für die Abnahme des Al-Gehaltes sein. Das leichtere eAl wird durch die Schutzgasströmung eher mitgerissen als das um den Faktor 3 schwerere X30. Zudem ist der Anteil an kleinen Partikeln beim eAl größer als bei X30, was den Effekt der Abtragung des eAl im Vergleich zum X30 verstärken könnte, da kleine Partikel eine geringere Masse haben und dadurch eher von der Schutzgasströmung mitgerissen werden. Eine These ist, dass das eAl in Richtung der Schutzgasströmung abgetragen wird und nach einer Transportlänge (abhängig von der Größe und dem Gewicht der Partikel) auf der Bauplattform landet oder aus der Baukammer abgeführt wird. Somit steigt der Aluminiumgehalt in Richtung Schutzgasströmung an und durch den Abtrag des Aluminiums aus der Baukammer sinkt der Gesamtgehalt an Aluminium auf der Bauplattform. In Abbildung 5.8 ist die vermutete Interaktion der Aluminiumpartikel mit der Schutzgasströmung schematisch dargestellt.

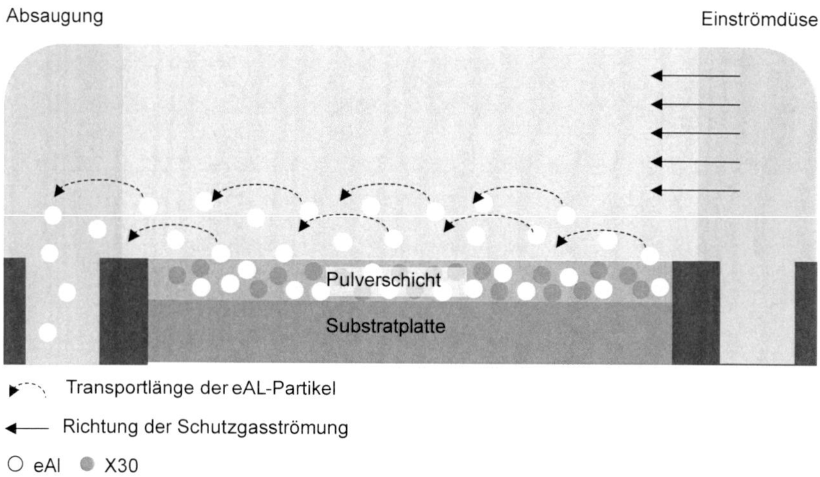

Abbildung 5.8: Schematische Darstellung der angenommenen Bewegung der Aluminiumpartikel hervorgerufen durch die Schutzgasströmung

Da in der Literatur hierzu keine Erklärungen zu finden ist, wird ein weiterer Versuch zur Untersuchung der aufgestellten These durchgeführt.

Validierung der Entmischungsvorgänge durch die Schutzgasströmung

In dem Versuch wird die Strömungsgeschwindigkeit des Schutzgases über die Aufbauhöhe variiert. In Abbildung 5.9 ist der Versuchsaufbau bzw. die Probenanordnung dargestellt. Außerdem wird eine Probe vom abgesaugten Pulver aus dem Zyklon hinsichtlich der chemischen Zusammensetzung mittels RFA (s. Kapitel 4.4.5) untersucht und mit der Referenzprobe verglichen. Wie aus dem Überlauf und dem Pulvervorrat werden fünf Proben je 50 g entnommen und jeweils analysiert.

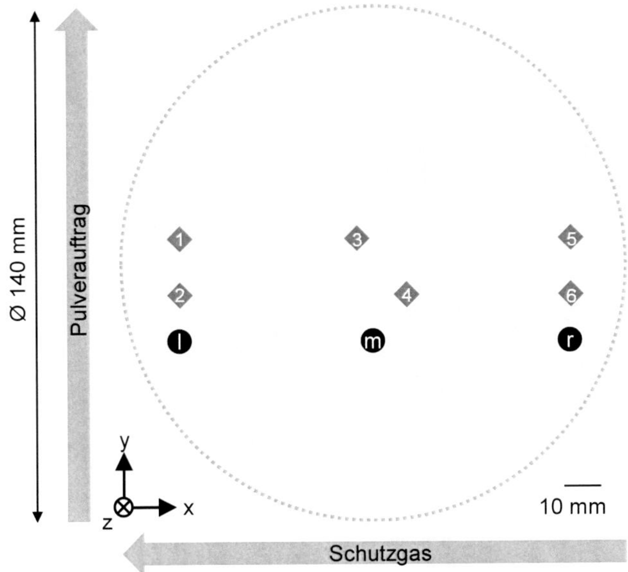

Abbildung 5.9: Anordnung der Probekörper zur Validierung der Entmischungsvorgänge durch die Schutzgasströmung

Als Ausgangspulver wird PM7 gewählt, da der Anteil an Aluminium höher ist als bei PM5 und daher die Auswirkungen besser sichtbar werden sollten. Nach einer Aufbauhöhe von 4 mm (Support zum Abtrennen von der Bauplattform) wird die Strömungsgeschwindigkeit des Schutzgases alle 5 mm startend bei 1 m/s um 0,75 m/s erhöht. Die Strömungsgeschwindigkeit wird am Austritt der Umwälzpumpe an einem Volumenstrommessgerät eingestellt. Damit ist das nicht die tatsächliche Strömungsgeschwindigkeit des Schutzgases über der Bauplattform. Eine Übersicht der Versuchsparameter wird in Abbildung 5.10 gegeben.

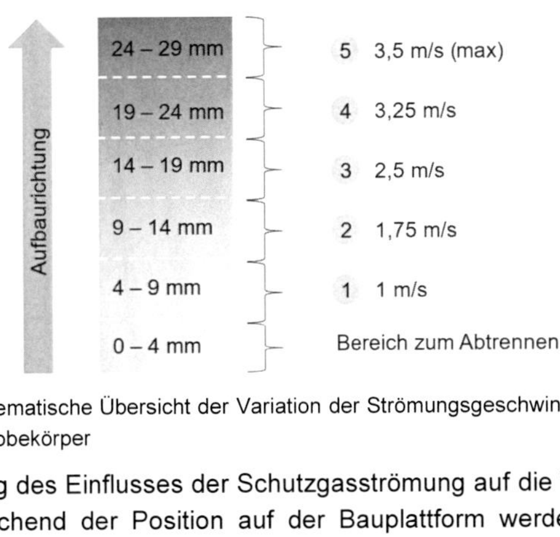

Abbildung 5.10: Schematische Übersicht der Variation der Strömungsgeschwindigkeit in Abhängigkeit von der Höhe der Probekörper

Zur Untersuchung des Einflusses der Schutzgasströmung auf die Verteilung des Aluminiums entsprechend der Position auf der Bauplattform werden die 5x5x29 mm großen Quader pro Messbereich von 1–5 mittels EDX-Analyse (s. Kapitel 4.4.3) hinsichtlich der chemischen Zusammensetzung untersucht. Je Messbereich wird eine Flächenmessung der Größe von 400x400 µm durchgeführt. Daraus ergibt sich die folgende chemische Zusammensetzung (s. Abbildung 5.11 a)) entlang der Schutzgasströmung und mit zunehmender Schutzgasströmungsgeschwindigkeit (s. Abbildung 5.11 b)).

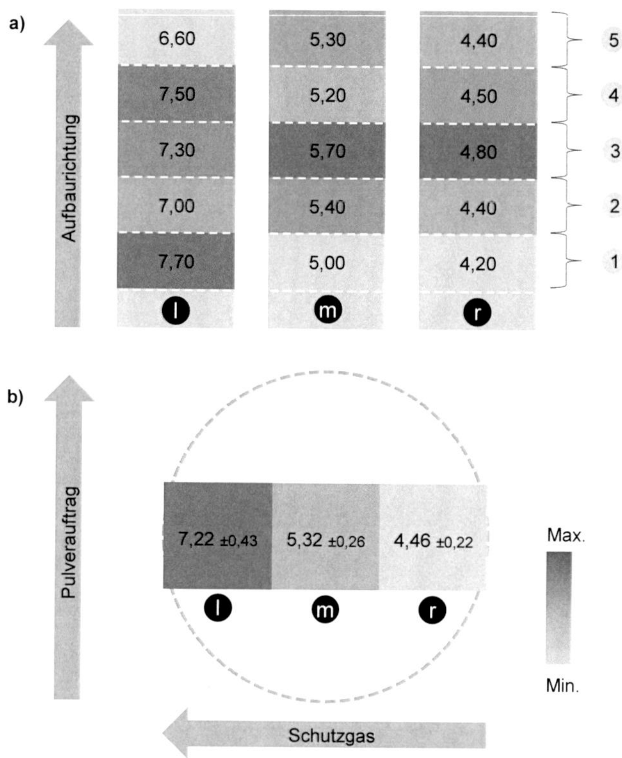

Abbildung 5.11: a) Verteilung des Aluminiumgehaltes in Aufbaurichtung in Abhängigkeit der Schutzgasströmungsgeschwindigkeit an den Positionen rechts (r), mitte (m) und links (l) in [Gew%], b) Mittelwerte des Aluminiumgehaltes an den Positionen rechts (r), mitte (m) und links (l) in [Gew%]

Dass der Aluminiumgehalt in Richtung der Schutzgasströmung steigt, kann in dem Validierungsversuch bestätigt werden. Der gemessene Aluminiumgehalt ist links auf der Bauplattform mit 7,22 Gew% am höchsten und mit 4,46 Gew% rechts am geringsten (s. Abbildung 5.11 b)). Das bestätigt die These, dass eAl von der Schutzgasströmung von rechts nach links transportiert wird. Dadurch steigt der Aluminiumgehalt entlang der Schutzgasströmung. In Tabelle 5.6 sind die Ergebnisse der Untersuchung des abgesaugten Pulvers aus dem Zyklon und zum Vergleich die der Referenzprobe aufgelistet.

Tabelle 5.6: Chemische Zusammensetzung des PM7 im Zyklon nach dem Versuch zur Validierung des Einflusses der Schutzgasströmung und als Referenz im Pulvervorrat gemessen mittels RFA ohne Kohlenstoff

Bezeichnung	Fe	Mn	Al
Referenz	75,58 ±0,161	18,78 ±0,094	5,63 ±0,116
Zyklon	71,67 ± 0,152	17,92 ±0,089	10,45 ±0,152

Die Analyse der chemischen Zusammensetzung des abgesaugten Pulvers im Zyklon ergibt eine Verdoppelung mit 10,41 Gew% Aluminium im Vergleich zur Referenzprobe mit 5,64 Gew% Aluminium. Das bestätigt die Annahme, dass mehr eAl als X30 während des Prozesses abgesaugt wird und dadurch der Aluminiumgehalt auf der Bauplattform abnimmt. Dagegen ist bei der Variation der Strömungsgeschwindigkeit über die Bauhöhe entlang der Schutzgasströmung in den drei Bereichen nicht zu sehen, dass mit steigender Strömungsgeschwindigkeit mehr eAl abgesaugt wird und deswegen der Aluminiumgehalt sinkt (s. Abbildung 5.11 b). Damit kann die Annahme nicht bestätigt werden, dass mit steigender Absauggeschwindigkeit mehr Aluminium abgeführt wird. Eine mögliche Erklärung hierfür wäre, dass mit steigender Strömungsgeschwindigkeit auch mehr X30 von der Schutzgasströmung mitgerissen wird. Dies kann im Rahmen dieser Arbeit jedoch nicht abschließend geklärt werden.

5.4 Zwischenfazit

In diesem Kapitel wird eine Pulveranalyse durchgeführt, um den Ausgangszustand der Pulver und Pulvermischungen zu bestimmen. Danach wird die Ausgangschemie auf der Bauplattform nach der Pulverbeschichtung und nach der Verarbeitung ermittelt. Abschließend werden die Ergebnisse des vorlegierten Pulvers mit denen der Pulvermischungen verglichen. Daraus können die folgenden Schlussfolgerungen gezogen werden:

Pulveranalyse

- In den Ergebnissen der Pulveranalyse wird gezeigt, dass die physikalischen Materialeigenschaften durch das Hinzufügen von eAl verändert werden. Trotz gleicher chemischer Zusammensetzung weicht die Absorption, bei einer Wellenlänge von 1070 nm, der Pulvermischungen um ca. 5 % von der Absorption des vorlegierten Pulvers ab.
- Neben den physikalischen Materialeigenschaften der Pulver werden auch die Pulvereigenschaften durch Hinzufügen des eAls in den Pulvermischungen beeinflusst. Die geringe Fließfähigkeit des eAls hat einen negativen Einfluss auf die Gesamtfließfähigkeit der Pulvermischungen. Der Lawinenwinkel nimmt bei den Pulvermischungen um einen Grad zu. Die Schüttdichte der Pulvermischungen ist bei PM5 0,22 g/cm³ und bei PM7 um 0,26 g/cm³ geringer.

- Die Änderung der Schüttdichte und der Korngrößenverteilung der Pulvermischungen abhängig von der hinzugefügten Menge eAl lässt auf eine gleichmäßige Durchmischung schließen. Die gemessene Schüttdichte der Pulvermischungen entspricht der aus der Schüttdichte der Einzelkomponenten berechneten Schüttdichte. Die Peaks der Hauptgrößenklassen der Partikel der Pulverkomponenten werden entsprechend der Pulveranteile ausgebildet. Allerdings zeigen diese Ergebnisse nur, dass die Veränderung der Pulvereigenschaften entsprechend der vorher formulierten Erwartungen ist. Dies stellt keinen Nachweis für eine lokal gleichmäßige Durchmischung dar, zeigt aber die grundsätzliche Eignung des Vorgehens.

Bestimmung der Ausgangschemie

- Durch die Sonderverdüsung des VL resultiert eine Abweichung von 1,18 Gew% des Aluminiumgehalts im vorlegierten Pulver im Vergleich zum gewünschten Aluminiumgehalt von 5 Gew%. Die chemische Zusammensetzung der Pulvermischungen entspricht der nominellen chemischen Zusammensetzung.
- Nach der Verarbeitung der Pulver wird festgestellt, dass der Mangangehalt sowohl bei VL als auch bei den Pulvermischungen sinkt und der Eisengehalt relativ dazu steigt. Dagegen sinkt der Aluminiumgehalt bei den Pulvermischungen, wobei dieser beim VL gleichbleibt.
- Um die Mikrostruktur und die mechanischen Eigenschaften miteinander vergleichen zu können, wird auf der Basis der Ergebnisse von VL und PM5 eine zweite Pulvermischung (PM7) bestimmt, bei welcher der resultierende Aluminiumgehalt nach der Verarbeitung ähnlich der des VL ist. Der Aluminiumgehalt nach der Verarbeitung bei PM5 weicht um 2 Gew% von der des VLs ab.

Verteilung der Elemente auf der Bauplattform

- Der Aluminiumgehalt sinkt bei PM5 in Richtung der Pulverbeschichtung. Dafür ist eine Entmischung des eAl innerhalb des vorangeschobenen Pulverbergs vor dem Beschichter verantwortlich. Das eAL ist leichter und wird durch die Bewegung der Pulverpartikel an die Oberfläche des Pulverbergs transportiert. Somit wird der Aluminiumgehalt im auf der Bauplattform abgelegten Pulver reduziert. Außerdem wird dadurch Aluminium aus der Baukammer abgetragen. Bestätigt wird der Abtrag des Aluminiums durch einen erhöhten Aluminiumgehalt im Pulverüberlauf.
- In Richtung der Schutzgasströmung steigt der Aluminiumgehalt. Als Grund dafür wird wiederum das Mitreißen der Aluminiumpartikel durch die Schutzgasströmung identifiziert. Dadurch, dass das eAL einen größeren Anteil an kleinen Partikeln aufweist als 30, wird vermutet, dass der durch die Schutzgasströmung mitgerissene Anteil an eAl größer ist als der des X30. Der Anstieg des Al-Gehaltes in Richtung der Schutzgasführung lässt die Vermutung zu, dass das Mitreißen der Partikel lediglich über eine gewisse Distanz erfolgt. Nach einer Transportlänge landen die Aluminiumpartikel dann wieder auf der Bauplattform

oder werden aus der Baukammer abgeführt. Das erklärt den Anstieg des Aluminiumgehaltes in Richtung der Schutzgasströmung und die Reduzierung des Gesamtgehaltes des Aluminiums auf der Bauplattform. Bestätigt wird der Abtrag des Aluminiums durch einen erhöhten Aluminiumgehalt im Zyklon.

Zusammenfassend kann aus den in diesem Kapitel generierten Ergebnissen gefolgert werden, dass verschiedene Herausforderungen bei der Verwendung von Pulvern im LPBF auftreten. Die Pulvermischungen weisen andere physikalische Eigenschaften als vorlegiertes Pulver ähnlicher chemischer Zusammensetzung auf. Zudem werden die Pulvereigenschaften durch die Hinzugabe weiterer Pulver verändert. Diese beiden Punkte müssen bei der Verwendung von Pulvermischungen zukünftig beachtet werden, da dadurch bspw. eine Anpassung der Verfahrensparameter erforderlich werden kann, um den Anforderungen entsprechende Ergebnisse erzielen zu können. Das Trockenmischen von Pulvern wird als vielversprechender Mischprozess zum Mischen von den im LPBF verwendeten Pulvern identifiziert. Die Ergebnisse der Pulveranalyse lassen auf eine gleichmäßige Durchmischung der Pulver schließen. Bei der Bestimmung der Ausgangschemie nach der Verarbeitung werden Differenzen in der chemischen Zusammensetzung festgestellt, was eine Anpassung der chemischen Zusammensetzung vor der Verarbeitung erfordert. Bei der hier untersuchten Pulvermischung muss mehr Aluminium in der Pulvermischung eingebracht werden als bei dem vorlegierten Pulver, um auf die gleiche chemische Zusammensetzung nach der Verarbeitung zu kommen. Somit sollte vorab, entsprechend der gewünschten chemischen Zusammensetzung, die benötigte Zusammensetzung der Pulvermischung bestimmt werden. Zusätzlich wird eine Entmischung der Pulver innerhalb der Pulvermischung bei der Beschichtung festgestellt. Diese führt zu einer ungleichmäßigen chemischen Zusammensetzung auf der Bauplattform und einer Veränderung der chemischen Zusammensetzung im Vergleich zur Ausgangschemie der Pulvermischung. Um zukünftig eine gleichmäßige Verteilung der Pulverkomponenten einer Pulvermischung auf der Bauplattform zu erhalten, müssen diese vorab so eingestellt werden, dass eine Entmischung vermieden wird. Das erfordert allerdings weitere Untersuchungen hinsichtlich des Verhaltens der Pulverkomponenten während der Beschichtung.

6 Untersuchung und Vergleich des Verhaltens während der Verarbeitung anhand einer Verfahrensparametervariation

Nachdem im vorangegangenen Kapitel die Pulvereigenschaften, die chemischen Zusammensetzungen und die Verteilung der Elemente auf der Bauplattform untersucht wurden, wird in diesem Kapitel der Einfluss der Verfahrensparameter auf die rel. Dichte, die Schmelzbadtiefe, -breite und -fläche sowie die chemische Zusammensetzung nach der Verarbeitung untersucht. Insbesondere wird betrachtet, inwieweit eAl einen Einfluss auf die rel. Dichte in Abhängigkeit der Volumenenergiedichte hat. Zudem wird das Verdampfungsverhalten zwischen Pulvermischung und vorlegiertem Pulver verglichen. Damit soll die These 2 aus Kapitel 5.2.2 entsprechend bestätigt oder widerlegt werden. Dafür werden zuerst Quader_1 jeweils aus VL, PM5 und PM7 mit einem Verfahrensparameterfeld ausgehend vom StdP aufgebaut und anschließen hinsichtlich rel. Dichte und Schmelzbadbreite, -tiefe und -fläche analysiert. Des Weiteren wird ein zweites Verfahrensparameterfeld zur Analyse der chemischen Zusammensetzung nach der Verarbeitung aufgestellt. Die daraus resultierenden Probekörper werden bezüglich der rel. Dichte, Schmelzbadform und -größe sowie der chemischen Zusammensetzung analysiert.

6.1 Versuchsdurchführung und Herstellung der Probekörper

6.1.1 Untersuchung der rel. Dichte in Abhängigkeit der Verfahrensparameter

Zur Untersuchung der rel. Dichte in Abhängigkeit der Verfahrensparameter von VL und der Pulvermischungen wird ein Verfahrensparameterfeld auf Basis von Vorarbeiten ausgehend vom StdP definiert [Ewa19a; Haa17a; Köh19]. In den Vorarbeiten wird gezeigt, dass ein Verfahrensparameterfeld im Bereich von 50 bis 105 J/mm³ vorwiegend zu rel. Dichten >99,5 % führt. Dementsprechend wird das folgende (s. Abbildung 6.1) Verfahrensparameterfeld aufgespannt.

Scangeschwindigkeit (v_s) [mms^{-1}]	Hatchabstand (Δy_s) [μm] 60	70	80	90	100
550	1 121,20	6 103,90	11 90,90	16 80,80	21 72,70
650	2 102,60	7 87,90	12 76,90	17 68,40	22 61,50
750	3 88,90	8 **76,20**	13 66,70	18 59,30	23 53,30
850	4 78,40	9 67,20	14 58,80	19 52,30	24 47,10
950	5 70,20	10 60,20	15 52,60	20 46,80	25 42,10

Abbildung 6.1: Verfahrensparameterfeld mit 120 W Laserleistung und einer Schichtdicke von 30 µm mit Nummerierung von 1–25 des Versuchs für die Bewertung der Verarbeitbarkeit mit den resultierenden Volumenenergiedichten in [J/mm^3]

Ziel dieses Verfahrensparameterfeldes ist der relative Vergleich von Pulvermischungen und vorlegierten Pulvern und damit die Untersuchung des Verhaltens während der Verarbeitung in Abhängigkeit der Verfahrensparameter. Zur Eingrenzung des Probenumfangs werden vorab die Laserleistung (P_l = 120 W) und die Schichtdicke (D_s = 30 µm) festgelegt und konstant gehalten. Anschließend wird die Belichtungsgeschwindigkeit und der Spurabstand innerhalb einer Matrix aus 25 Verfahrensparameterkombinationen um den StdP herum variiert. Damit ergibt sich ein Bereich der Belichtungsgeschwindigkeit zwischen 550 mm/s und 950 mm/s in 100 mm/s Schritten und für den Spurabstand ein Bereich zwischen 60 µm und 100 µm in 10 µm Schritten. Die Grenzen des Prozessparameterfeldes werden auf der Basis von Vorarbeiten [Haa17a; Kie18; Ewa19a; Köh20; Köh19] gewählt und bewegen sich in einem Bereich, in dem die Verarbeitbarkeit bereits nachgewiesen werden konnte. Somit ist nicht mit einem Prozessabbruch zu rechnen.

Für jede Verfahrensparameterkonstellation wird ein Probekörper der Form Quader_1 der Materialien VL, PM5 und PM7 aufgebaut. Die Anordnung der Probekörper ist der Abbildung 6.2 zu entnehmen. An den hergestellten Probekörpern werden die rel. Dichte analysiert und die Schmelzbäder vermessen.

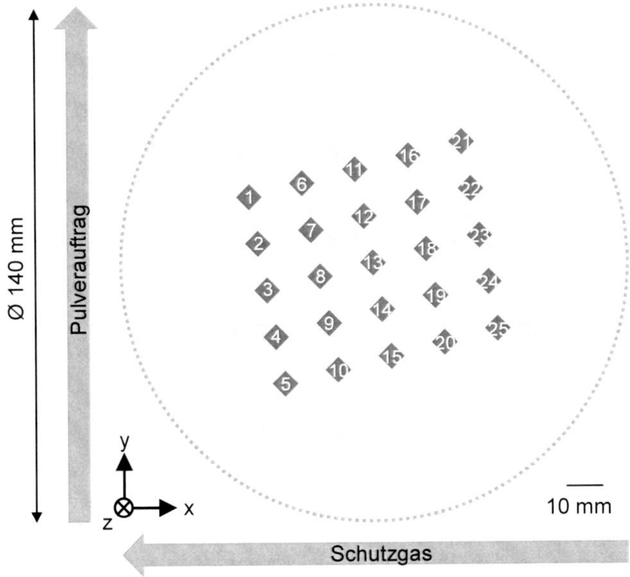

Abbildung 6.2: Anordnung der Probekörper zur Untersuchung der rel. Dichte in Abhängigkeit der Verfahrensparameter

6.1.2 Untersuchung des Einflusses der Verfahrensparameter auf die chemische Zusammensetzung

Zur Untersuchung des Einflusses der Verfahrensparameter auf die chemische Zusammensetzung der Probekörper wird ein Verfahrensparameterfeld um den StdP herum aufgespannt. Die Schichtdicke wird konstant bei 30 µm gehalten, da somit der Pulverauftrag beeinflusst wird und damit die Ergebnisse nicht untereinander vergleichbar sind. Um den Einfluss einzelner Verfahrensparameter herauszufinden, wird jeweils der zu untersuchende Verfahrensparameter variiert und alle anderen Verfahrensparameter konstant gehalten. Daraus ergibt sich das in Tabelle 6.1 dargestellte Verfahrensparameterfeld.

Tabelle 6.1: Variation der Verfahrensparameter mit einer konstanten Schichtdicke von 30 µm zur Untersuchung der Veränderung der chemischen Zusammensetzung abhängig der Verfahrensparameter ausgehend vom StdP

Nr.	PL [W]	E_D [J/mm3]
1	60	27
2	100	44
3	140	62
4	180	80
5	220	98
6	260	116
7	300	133
8	340	151
9	380	169
10	400	178

Nr.	v_S [mm/s]	E_D [J/mm3]
11	300	133
12	450	89
13	600	67
14	750	53
15	900	44
16	1050	38
17	1200	33
18	1350	30
19	1500	27
20	1650	24

Nr.	Δy_S [µm]	E_D [J/mm3]
21	50	107
22	70	76
23	90	59
24	110	48
25	130	41
26	150	36
27	170	31
28	190	28
29	210	25
30	230	23

Insgesamt werden 30 Probekörper mit verschiedenen Verfahrensparameterkombinationen hergestellt. Als Probekörper wird die Form Quader_1 gewählt und aus VL und PM5 aufgebaut. Hier wird nur eine Pulvermischung gewählt, da die relative Abweichung der chemischen Zusammensetzung und damit das Verhalten von elementarem Aluminiumpulver in Pulvermischungen untersucht werden soll. Die Anordnung der Probekörper auf der Bauplattform ist in Abbildung 6.3 schematisch dargestellt. An den hergestellten Probekörpern wird die rel. Dichte analysiert, die Schmelzbäder vermessen und die chemische Zusammensetzung bestimmt.

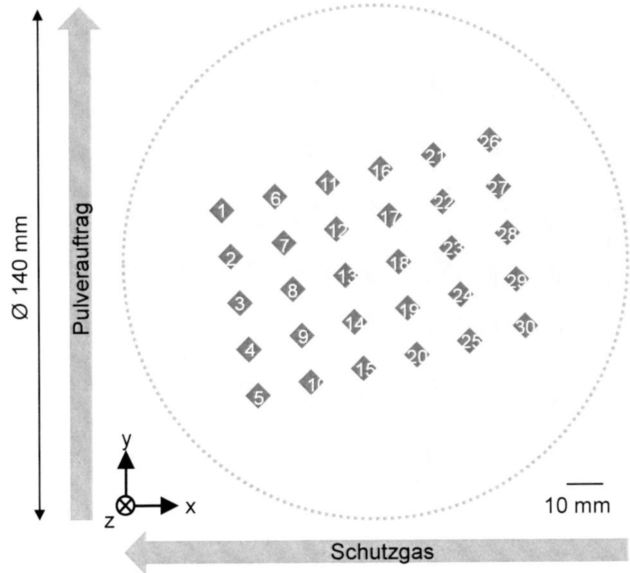

Abbildung 6.3: Anordnung der Probekörper zur Untersuchung und zum Vergleich des Verhaltens hinsichtlich der Verarbeitung anhand einer Verfahrensparametervariation

Um die bei der Herstellung des Pulvers entstandenen Abweichungen der chemischen Zusammensetzung bei der Auswertung zu berücksichtigen, werden die Ergebnisse nicht in absoluten Zahlen, sondern unter Verwendung der relativen Abweichungen miteinander verglichen. Zur Berechnung der relativen Differenz wird der Unterschied der EDX-Messungen zum Legierungsanteil im VL und PM5 vor der Verarbeitung errechnet und durch diesen geteilt. So wird eine relative Abweichung ermittelt, die miteinander verglichen werden kann. Die Berechnung der relativen Differenz zu diesen Ausgangswerten ist gegeben in Formel 5.1.

$$D_R = \frac{L_B - L_P}{L_P} \qquad (5.1)$$

- D_R Relative Differenz
- L_P Legierungsanteil im Pulver
- L_B Legierungsanteil im Bauteil

Die relativen Abweichungen werden in Diagrammen gegenübergestellt, um direkte Unterschiede besser erkenntlich zu machen. Eine negative relative Differenz entspricht einer Verringerung des entsprechenden Legierungsanteils durch die Verarbeitung.

6.2 Versuchsergebnisse

6.2.1 Untersuchung der rel. Dichte in Abhängigkeit der Verfahrensparameter

Im Folgenden werden die Ergebnisse der Versuche zur Untersuchung der rel. Dichte in Abhängigkeit der Verfahrensparameter aufgeführt. In Abbildung 6.4 ist links die rel. Dichte und rechts Ausschnitte aus den Querschliffen mit einer Vergrößerung von 50x über die Verfahrensparameter aufgetragen.

Bei den Probekörpern aus VL werden bei allen Parameterkonstellationen außer bei einem Spurabstand von 100 µm und ab einer Belichtungsgeschwindigkeit von 850 mm/s, und damit bei Volumenenergiedichten < 45 J/mm³, rel. Dichten > 99,5 % erreicht. Damit wird nur bei zwei Parametersätzen die Zielgröße von 99,5 % rel. Dichte nicht erreicht. Insgesamt werden rel. Dichten zwischen 98,6 % und 100 % gemessen. Somit werden mit 23 Parameterkonstellationen rel. Dichten > 99,7 % erzielt. Bei PM5 werden ab einem Spurabstand von 90 µm und einer Belichtungsgeschwindigkeit von 950 mm/s sowie ab einem Spurabstand > 100 µm und einer Belichtungsgeschwindigkeit von 850 mm/s, und damit einer Volumenenergiedichte von < 50 J/mm³ rel. Dichten < 99,5 % erreicht. Insgesamt 22 Parametersätzen bei PM5 erzielen eine rel. Dichte > 99,5 %. Bei PM7 werden ab einem Spurabstand von 90 µm und einer Belichtungsgeschwindigkeit von 850 mm/s und ab einem Spurabstand von 100 µm und einer Belichtungsgeschwindigkeit von 750 mm/s und damit ab einer Volumenenergiedichte von < 55 J/mm³ keine rel. Dichten > 99,5 % erreicht. Insgesamt 20 Parametersätze bei PM7 erreichen eine rel. Dichte > 99,5 %. In den Querschliffen sind die Porenbildung und die Anbindungsfehler ab den kritischen Volumenenergiedichten zu erkennen (rot-gestrichelt markiert). Außerdem ist die SD der Vermessung der rel. Dichte der Probekörper der Pulvermischungen im Schnitt um 0,05 %größer (s. Tabelle 17.6).

VL

Scangeschwindigkeit (v_s) [mms^{-1}]	Hatchabstand (Δy_s) [μm] 60	70	80	90	100
550	1 99,89	6 99,97	11 99,94	16 99,96	21 99,94
650	2 99,94	7 99,96	12 99,94	17 99,93	22 99,93
750	3 99,86	8 **99,95**	13 99,89	18 99,75	23 99,74
850	4 99,89	9 99,96	14 99,82	19 99,75	24 99,45
950	5 99,88	10 99,88	15 99,81	20 99,75	25 98,64

PM5

Scangeschwindigkeit (v_s) [mms^{-1}]	60	70	80	90	100
550	1 99,90	6 99,97	11 99,95	16 99,95	21 99,97
650	2 99,98	7 99,98	12 99,97	17 99,76	22 99,57
750	3 99,84	8 **99,94**	13 99,82	18 99,56	23 99,88
850	4 99,97	9 99,95	14 99,80	19 99,71	24 99,30
950	5 99,92	10 99,92	15 99,65	20 98,93	25 98,08

PM7

Scangeschwindigkeit (v_s) [mms^{-1}]	60	70	80	90	100
550	1 99,89	6 99,96	11 99,94	16 99,96	21 99,81
650	2 99,93	7 99,91	12 99,92	17 99,81	22 99,58
750	3 99,83	8 **99,96**	13 99,90	18 99,55	23 99,14
850	4 99,58	9 99,91	14 99,80	19 99,42	24 99,28
950	5 99,92	10 99,84	15 99,63	20 99,40	25 98,76

98 % — 100 %

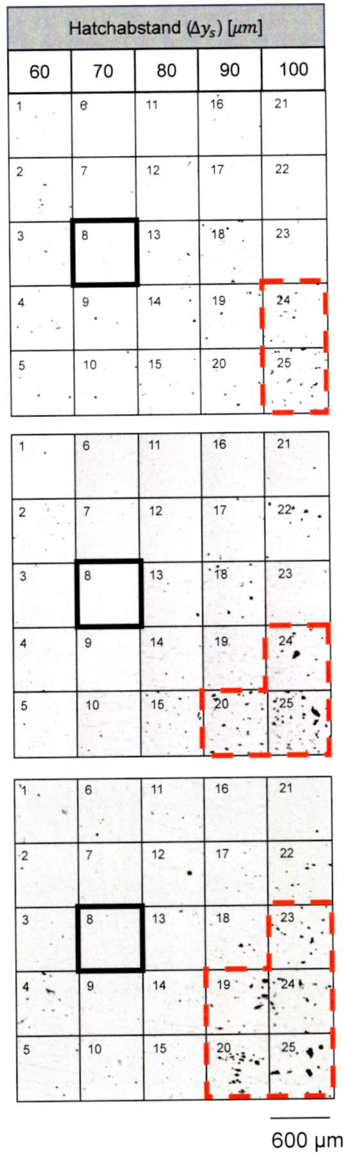

Abbildung 6.4: Mittelwerte der gemessenen relativen Dichte in [%] (links) und Ausschnitte der Querschliffe mit einer 50x Vergrößerung (rechts) von oben nach unten sind VL, PM5 und PM7 dargestellt in Abhängigkeit der Verfahrensparameter. Die Verfahrensparameter, bei denen keine rel. Dichte >99,5 % erreicht wird, sind rotgestrichelt markiert.

In Abbildung 6.5 ist die Schmelzbadtiefe der Probekörper aus PM5 und VL über die Verfahrensparameterkonstellationen aufgetragen, um exemplarisch den Einfluss des eAl auf die Schmelzbadgröße darzustellen.

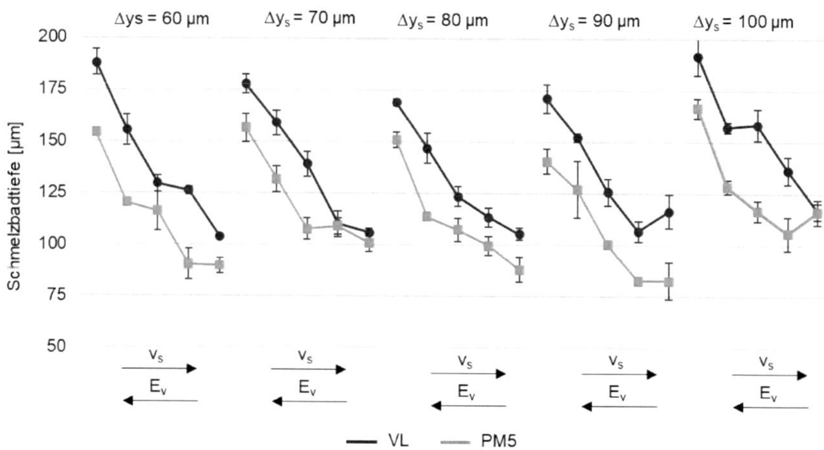

Abbildung 6.5: Schmelzbadtiefe der Probekörper aus VL (blau) und PM5 (hellblau) dargestellt in [µm²] in Abhängigkeit der Verfahrensparameter. Die Laserleistung beträgt 120 W, die Schichtdicke 30 µm und die Belichtungsgeschwindigkeit liegt je Spurbreite zwischen 550 mm/s und 950 mm/s.

Zu erkennen ist, dass die Schmelzbadtiefe bei den Probekörpern aus PM5 im Mittel ca. 25 µm kleiner als die Schmelzbadtiefe bei den Probekörpern aus VL ist. Der Verlauf der Schmelzbadtiefe über die Verfahrensparameter ist ähnlich. Die Schmelzbadtiefe sinkt mit einer Verringerung der Belichtungsgeschwindigkeit und ist unabhängig von dem Spurabstand. Bei einer Belichtungsgeschwindigkeit von 550 mm/s hat das Schmelzbad der Probekörper aus VL eine Tiefe von ca. 175 µm und bei den Probekörpern aus PM5 von ca. 150 µm. Alle gemessenen Werte inkl. der SD sind dem Anhang der Tabelle 17.7 und Tabelle 17.8 zu entnehmen.

Zur Verdeutlichung der Unterschiede in der Größe der Schmelzbäder bei VL und PM5 bei gleichen Verfahrensparametern sind exemplarisch in Abbildung 6.6 die resultierenden Schmelzbäder der Probekörper 16 (P_L 120 W, v_s 1050 mm/s, Δy_s 70 µm und D_s 30µm) mit einer Volumenenergiedichte von 38 J/mm³ aus VL (links) und aus PM5 (rechts) im Querschliff dargestellt.

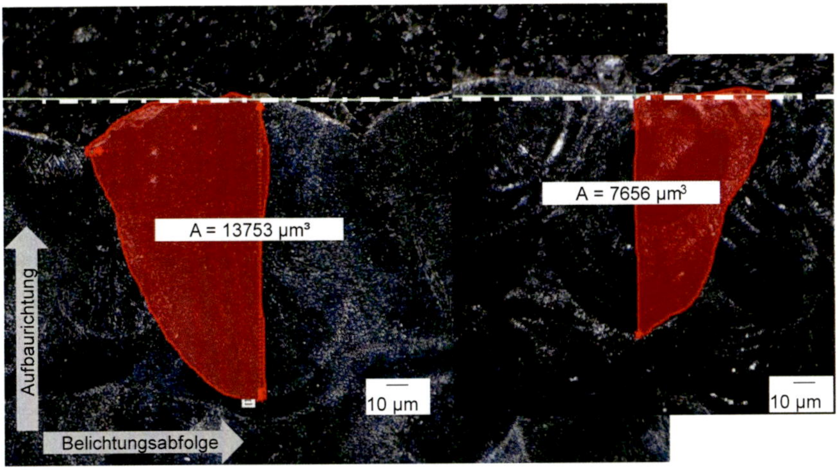

Abbildung 6.6: Bild der Schmelzbadtiefe der Probekörper 16 (P_L 120 W, v_s 1050 mm/s, Δy_s 70 µm und D_s 30µm) mit einer Volumenenergiedichte von 38 J/mm³ von VL (links) und PM5 (rechts)

Bei gleichen Verfahrensparametern ist die gemessene Schmelzbadfläche der Probekörper aus PM5 mit A = 7656 µm^3 ca. halb so groß wie die Schmelzbadgröße des Probekörpers aus VL mit A = 13753 µm^3. Die gemessene Tiefe des Schmelzbades ist bei PM5 143 µm sowie 172 µm bei VL und die gemessene Breite ist bei PM5 151 µm sowie bei VL 223 µm.

6.2.2 Untersuchung des Einflusses der Verfahrensparameter auf die chemische Zusammensetzung

In Abbildung 6.7 ist die rel. Differenz des Aluminiumgehalts (a), des Eisengehalts (b) und des Mangangehalts (c) nach der Verarbeitung zur chemischen Zusammensetzung vor der Verarbeitung über die Verfahrensparameter der Probekörper aus VL und PM5 aufgetragen, um exemplarisch den Einfluss des eAl auf die resultierende chemische Zusammensetzung nach der Verarbeitung in Abhängigkeit der Verfahrensparameter darzustellen. Berücksichtigt werden die Verfahrensparameter Laserleistung, Belichtungsgeschwindigkeit und Spurbreite.

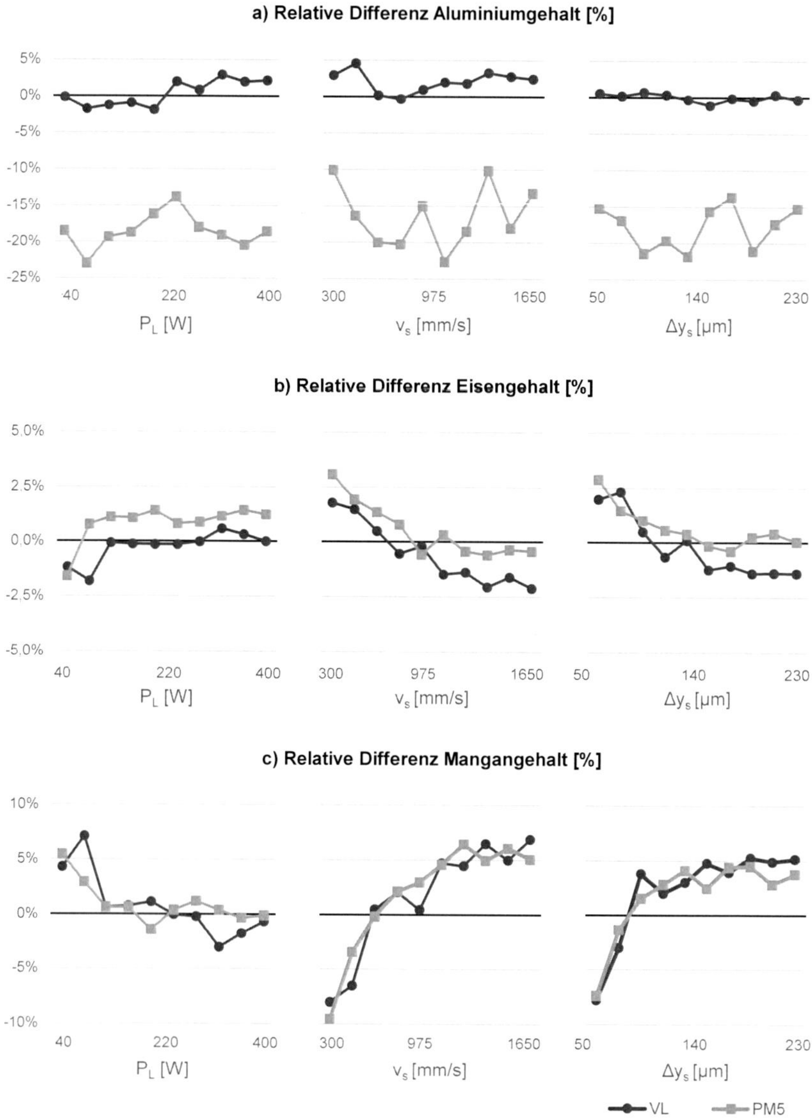

Abbildung 6.7: Relative Differenz der chemischen Zusammensetzung nach der Verarbeitung in [%] in Abhängigkeit zur gemessenen chemischen Zusammensetzung vor der Verarbeitung von VL und PM5 a) rel. Differenz des Aluminiumgehalts und b) rel. Differenz des Eisengehalts und c) rel. Differenz des Mangangehalts

Die Verläufe und Trends der rel. Differenz der chemischen Zusammensetzungen bei VL und PM5 sind bis auf die des Al-Gehaltes ähnlich und korrelieren miteinander. Zu erkennen ist, dass die Schwankungen beim Aluminiumgehalt bei PM5 größer sind als bei VL. Beim Aluminiumgehalt weicht PM5 zudem relativ um 15–20 % von der Ausgangschemie ab. Dagegen schwankt der Aluminiumgehalt beim VL nach der Verarbeitung vergleichsweise gering um die Ausgangschemie des Pulvers (± 2–3 %) unabhängig von den Verfahrensparametern. Beim Eisengehalt hingegen ist eine Abhängigkeit zu den Verfahrensparametern erkennbar, die bei VL und PM5 ähnlich ist. Mit zunehmender Volumenenergiedichte sinkt der Eisengehalt. Die rel. Differenz des Mangangehalts korreliert mit dem des Eisengehalts. Die maximale rel. Differenz des Mangangehalts liegt im Bereich -10 % / +5 %. Dagegen ist das Verhalten des Aluminiumgehalts in dem hier betrachteten Parameterraum nicht von den Verfahrensparametern abhängig. Aluminium geht nur bei PM5 während der Verarbeitung verloren. Eine Korrelation zu den Verfahrensparametern kann aber nicht hergestellt werden.

6.3 Diskussion

6.3.1 Untersuchung der rel. Dichte in Abhängigkeit der Verfahrensparameter

Die größte Anzahl an Probekörpern mit einer rel. Dichte >99,5 % wird mit VL und damit ohne eAL erreicht. Insgesamt wird bei 23 von 25 Probekörpern eine rel. Dichte >99,5 % erreicht. Im Gegensatz dazu werden bei den Probekörpern aus PM5 22x und aus PM7 20x rel. Dichten >99,5 % erzielt. Damit werden bei VL ab 45 J/mm³, bei PM5 ab 50 J/mm³ und bei PM7 ab 55 J/mm³ Volumenenergiedichte keine rel. Dichten >99,5 % mehr erreicht (s. Abbildung 6.4). Zudem werden bei PM5 und PM7 ab 80 µm Spurbreite und 650 mm/s Belichtungsgeschwindigkeit die Probekörper im Vergleich zu VL undichter und die Querschliffe weisen mehr Fehlstellen wie bspw. Poren auf (s. Abbildung 6.4). Somit findet eine Verschiebung des Verfahrensparameterfensters in die Richtung höherer Volumenenergiedichten statt. Daraus resultiert, dass bei den Pulvermischungen vergleichsweise mehr Energieeintrag benötigt wird, um das Material porenfrei und ohne Fehlstellen umzuschmelzen. Grundsätzlich wird bei beiden Ausgangsmaterialien die gleiche chemische Zusammensetzung umgeschmolzen. Der Unterschied liegt darin, dass Al zum einen vorlegiert im Pulver vorliegt und zum anderen als elementares Pulver. Aus der Literatur ist bekannt, dass bei der Verarbeitung von Aluminiumlegierungen höhere Volumenenergiedichten als bei Stählen im LPBF-Verfahren benötigt werden, um rel. Dichten >99,5 % zu erreichen [Rom22]. Das ist im Wesentlichen darauf zurückzuführen, dass Aluminium eine höhere Wärmeleitfähigkeit aufweist und bei einer Wellenlänge von 1070 nm weniger Laserstrahlung als Stahl absorbiert. Die Wärmeleitfähigkeit kann bei den Pulvermischungen nicht die Begründung für die Verschiebung des Verfahrensparameterfensters sein, da das darunter liegende verschmolzene Material den Großteil der entstehenden Wärme ableitet [Li11]. Die Wärmeableitung ins Pulver ist um Größenordnungen geringer im Vergleich zur Wärmeableitung in das darunterliegende Vollmaterial [Hoo18]. Somit ist die geringere Wärmeleitung durch das Vorliegen von eAl in den Pulvermischungen als Grund für die Verschiebung des Verfahrensparameterfensters unwahrscheinlich.

Im LPBF-Prozess wird die Lasterstrahlung hauptsächlich, bis auf die Startphasen der Belichtung, in ein bestehendes Schmelzbad eingekoppelt. Das Aufschmelzen des Pulvers erfolgt über die Interaktion bzw. Wärmeübertragung zwischen Schmelzbad und

Pulverpartikel [Hoo18; Li21]. Ein Unterschied von ca. 5% zwischen der Absorption der Pulvermischungen zum VL existiert zwar (s. Tabelle 5.1), ist aber gering und hat ausschließlich einen Einfluss auf die unmittelbare Startphase des Umschmelzprozesses, wenn die Laserstrahlung in das Pulverbett eingekoppelt wird [Che15]. Das ist nur ein kurzer Zeitraum (im Bereich von ms) und ist bei den hergestellten Probekörpern einzig an den Außenwänden der Probekörper der Fall, da dort die Belichtungsvektoren starten. Somit ist es unwahrscheinlich, dass dieser Einfluss für die Verschiebung des Verfahrensparameterfeldes verantwortlich ist. Ein weiterer Grund für die Verschiebung könnte ein Unterschied der Absorption der Schmelzbäder von VL, PM5 und PM7 sein. Dagegen spricht, dass das eAL beim Aufschmelzen der Pulvermischungen mit dem X30 in Legierung geht und dadurch eine ähnliche chemische Zusammensetzung aufweisen sollte. Demnach ist davon auszugehen, dass die Absorption der Schmelze von PM5 bzw. PM7 und VL gleich oder zumindest ähnlich ist und einen geringen Einfluss auf die benötigte Umschmelzenergie hat. Zur endgültigen Validierung dieser Aussage müssten weitere Untersuchungen durchgeführt werden.

Wahrscheinlicher ist, dass der Unterschied in der höheren benötigten Umschmelzenergie der Pulvermischungen auf das Vorliegen des eAl selbst und dessen Eigenschaften (bspw. Oxidschicht, Schmelzpunkt etc.) sowie den Mischungsprozess im Schmelzbad zurückzuführen ist. Eine Möglichkeit ist, dass die Oxidschicht der Al-Partikel dazu führt, dass mehr Umschmelzenergie benötigt wird. Die Aluminiumoxidschicht hat eine Schmelztemperatur von 2054 °C, wohingegen das in dieser Arbeit verwendete VL und X30 eine Schmelztemperatur von ca. 1500 °C aufweist. Zudem ist im eAl ein hoher Anteil an kleinen Partikeln vorhanden, was dazu führt, dass die Gesamtoberfläche des Pulvers und damit der Aluminiumoxidteil steigt. Außerdem tritt ein Überhitzen der kleinen Al-Partikel schneller auf, was zur Verdampfung dieser führen kann. Dadurch wird die dafür benötigte Verdampfungsenergie dem Umschmelzvorgang entzogen.

Weiterhin hat das Vorhandensein von Aluminiumoxid und dadurch der eingebrachte Sauerstoff im Prozess die Auswirkung, dass die Schmelze mit einer Oxidschicht benetzt werden kann. Das ist aus der Verarbeitung von Aluminiumlegierungen mittels LPBF bekannt [Lou11]. Die sich bildende Oxidschicht auf der Aluminiumschmelze bewirkt das Eintreten von Fehlstellen wie bspw. Oxideinschlüsse und/oder Poren, wodurch die weitere Benetzung von Pulver erschwert wird. Eleftherios et al. [Lou11] stellten fest, dass mit steigender Volumenenergiedichte die Herausforderungen aufgrund der Oxidschicht bei der Verarbeitung von Aluminiumlegierungen reduziert werden und so dichtere Bauteile mit weniger Defekten hergestellt werden können. Das ist bisher allein für die Verarbeitung von Aluminiumlegierungen bekannt und wurde noch nicht bei der Verarbeitung von mit Aluminium legiertem Stahl festgestellt. Da keine Oxide in den Probekörpern nachgewiesen werden, ist die oben aufgestellte These wahrscheinlich nicht der Grund für die Verfahrensparameterverschiebung.

Ein anderer Grund könnte daher sein, dass durch komplexe Diffusionsprozesse und Homogenisierungsprozesse innerhalb der Schmelze Energie durch Mischungswärme (auch als Mischungsenthalpie oder Exzessenthalpie bezeichnet) dissipiert [Dzo20;

Kan16]. Da in den Pulvermischungen das Aluminium elementar als Pulver vorliegt, muss dieses aufgeschmolzen werden und kann erst danach eine Legierung mit dem X30 eingehen. Die Legierungsbildung benötigt eine Startenergie. Wie groß diese Energie ist, kann nicht endgültig ohne weitere Versuche festgestellt werden und ist bisher für das LPBF noch nicht betrachtet worden. Damit kann der Einfluss auf die Verarbeitung nicht quantifiziert werden.

Neben den oben beschriebenen Effekten können auch lokal unterschiedliche Zusammensetzungen zu schwankenden Prozessbedingungen und damit zu Prozessfehlern führen [Kan16; Dzo20]. Lokale Unterschiede in der chemischen Zusammensetzung sind vermutlich nicht der Hauptgrund der Verschiebung des Prozessfensters, da sonst bei den meisten Verfahrensparameterkonstellationen Prozessfehler hätten auftreten müssen, wenn die Vermutung bestätigt wird, dass die Probekörper aus Pulvermischungen gerade im lokalen Bereich (Größenordnung einer Schmelzlinse) keine gleichmäßige Verteilung des Aluminiums aufweisen. Infolgedessen erfolgt in Kapitel 7 eine genauere Untersuchung. Diese Vermutung ist naheliegend, da in den meisten Arbeiten, in denen Pulvermischungen verarbeitet werden, das festgestellt wird. (s. Literaturübersicht in Kapitel 2.4.3)

Daraus kann geschlussfolgert werden, dass die Verschiebung des Verfahrensparameterfeldes auf ein Zusammenspiel aller oben beschriebenen Effekte in unterschiedlichem Maße zurückzuführen ist. Den größten Einfluss hat vermutlich der zusätzliche Energieaufwand beim Aufschmelzen der Aluminiumoxidschicht und der zusätzliche Energieaufwand durch Homogenisierungs- und Diffusionsprozesse in der Schmelze. Die Schmelzbäder in den Probekörpern aus den Pulvermischungen sind im Vergleich zu den Schmelzbädern in den Probekörpern aus VL im Mittel um ca. 20 % kleiner (s. Abbildung 6.5). Das lässt darauf schließen, dass die eingetragene Umschmelzenergie in der in dieser Arbeit untersuchten Legierung kleiner bei den Probekörpern aus den Pulvermischungen als bei denen aus VL ist.

6.3.2 Untersuchung des Einflusses der Verfahrensparameter auf die chemische Zusammensetzung

In Kapitel 5 wird gezeigt, dass ein Unterschied zwischen der chemischen Zusammensetzung des Pulvers vor der Verarbeitung und der chemischen Zusammensetzung der Probekörper nach der Verarbeitung vorliegt. Auffällig ist, dass alle Elemente außer Aluminium ein ähnliches Verhalten bei der Verarbeitung von VL und PM5 aufweisen. Der Mangangehalt wird während des Prozesses reduziert, der Eisengehalt wird relativ zum Mangangehalt erhöht und der Kohlenstoffgehalt bleibt nahezu gleich; bzw. kann durch den geringen Massenanteil keine relative Veränderung zu den vorherigen Kohlenstoffgehältern festgestellt werden. Dagegen sinkt der Aluminiumgehalt der Probekörper bei den Pulvermischungen und steigt bei den Probekörpern aus VL. Erkenntnisse aus Kapitel 5 sind, dass teilweise Aluminium durch die Pulverbeschichtung und die Schutzgasströmung bei den Pulvermischungen verloren geht. Somit ist die Reduzierung des Aluminiumgehaltes zumindest teilweise erklärt, eine zusätzliche Reduzierung während des Aufschmelzvorgangs durch z. B. Verdampfung ist jedoch nicht auszuschließen. Im Folgenden wird das Verhalten der Elemente in Abhängigkeit der Verfahrensparameter diskutiert und exemplarisch zwischen VL und PM5 verglichen:

Mangan

Die Ergebnisse des Mangangehalts in den Probekörpern zeigen eine Übereinstimmung zwischen VL und PM5. Beide weisen eine Abhängigkeit des Mangangehaltes von den Verfahrensparametern auf. Der Mangangehalt sinkt jeweils mit steigender Laserleistung, sinkender Belichtungsgeschwindigkeit und kleiner werdendem Spurabstand. Bei diesen drei Parameterverläufen findet eine Zunahme der resultierenden Volumenenergiedichte statt. Das führt zur Annahme, dass der Verlust von Mangan auf die Verdampfung zurückzuführen ist, da die eingebrachte Volumenenergiedichte einen Einfluss auf die Größe und Temperatur des Schmelzbades hat. Im Folgenden werden die jeweiligen Punkte, die für den Eintritt von Verdampfung sprechen, diskutiert und kritisch bewertet.

Ein weiterer Faktor, der neben der Volumenenergiedichte Einfluss auf die Verdampfung von Elementen im LPBF-Prozess hat, ist die Interaktionszeit (T_I) zwischen Laserstrahl und Schmelzbad, bzw. die tatsächliche Zeit, in der das Material in schmelzflüssiger Phase vorliegt und theoretisch Verdampfung eintreten kann [Jan08; Jan09]. Jeweils für VL und PM5 weisen die Probekörper mit den niedrigsten Belichtungsgeschwindigkeiten 300 und 450 mm/s (Probekörper 11, 12), sowie mit den geringsten Spurabständen von 50 und 70 µm (Probekörper 21, 22) die geringsten Mangangehalte auf. Dies sind die Probekörper, die im Rahmen dieser Untersuchungen die längste Interaktionszeit zwischen Laserstrahlung und Schmelzbad aufweisen. Bei den Probekörpern mit Laserleistungen von 300–400 W (Probekörper 7–10), bei denen die Volumenenergiedichte jeweils über der bei den zuvor genannten Probekörpern liegt, wird jedoch keine Differenz des Mangangehaltes zum Ausgangswert festgestellt. Dies spricht für die Annahme, dass der dominierende Faktor für die Verdampfung des Mangans die Interaktionszeit und nicht die Volumenenergiedichte ist. Außerdem zeigt die Korrelation des Mangangehaltes mit den Verfahrensparametern, dass eine Verdampfung des Mangans wahrscheinlich ist. Unklar ist, warum bei den höheren Laserleistungen (> 200 W) kein bzw. nur wenig Mangan verdampft wird. Eine Erklärung dafür kann sein, dass die Schmelzbadfläche durch eine Erhöhung der Laserleistung steigt. In Abbildung 6.8 ist die gemessene Schmelzbadfläche in Abhängigkeit der Verfahrensparameter der Probekörper aus VL und PM5 aufgetragen.

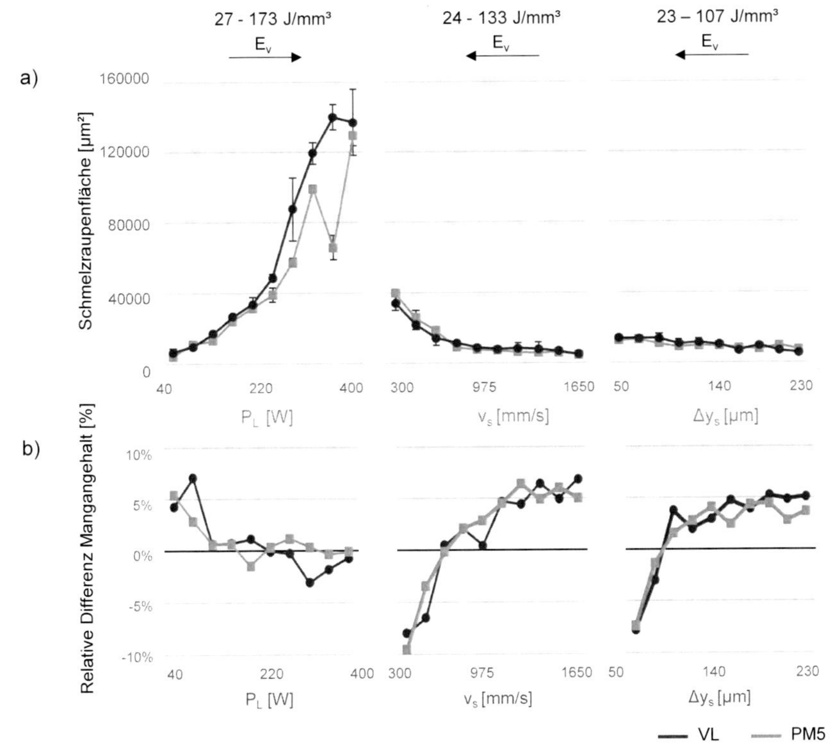

Abbildung 6.8: a) resultierende Schmelzbadfläche im Vergleich in Abhängigkeit der Verfahrensparameter ausgehend vom StdP und b) Mangangehalt in Abhängigkeit der Verfahrensparameter ausgehend vom StdP von Probekörpern aus VL und PM5

In Abbildung 6.8 ist zu sehen, dass die Schmelzbadfläche nicht allein mit der eingebrachten Volumenenergiedichte korreliert, sondern hauptsächlich mit den jeweiligen Verfahrensparametern. Dadurch, dass die Schmelzbadfläche am stärksten bei der Erhöhung der Laserleistung ansteigt, ergibt sich, dass die Schmelzbadfläche im Wesentlichen von der eingebrachten Intensität abhängt. Bei den Probekörpern, die mit Laserleistungen von 200–400 W hergestellt werden, steigt die Schmelzbadfläche sprungartig an [Hua22]. Dadurch wird die eingebrachte Energie auf ein größeres Volumen verteilt, was zwangsläufig aufgrund des Energieerhaltungsgesetzes zu einer Reduzierung der Schmelzbadtemperatur führt. Bei den Probekörpern mit hoher Interaktionszeit hingegen wird die Energie länger in ein kleineres Schmelzbad eingekoppelt. Dies führt zu einer höheren Temperatur der Schmelze und kann in einer Überhitzung resultieren, was eine Verdampfung von Elementen bewirken kann. Zur Abschätzung des Einflusses der Effekte (T_I und E_V) wird im Folgenden ein Abgleich mit aus der Literatur bekannten ähnlichen Effekten vorgenommen.

Dass die Interaktionszeit den größten Einfluss auf die Verdampfung von Elementen hat, wird teilweise von den Ergebnissen der Untersuchungen von JANDAGHI ET AL.

[Jan08; Jan09] gestützt. Um die Verdampfung zu reduzieren, muss für Tiefschweißanwendungen die Leistung erhöht und die Interaktionszeit zwischen Laserstrahl und Schmelzbad verringert werden. Ansari et al. [Ans19] entwickeln in ihrer Arbeit ein Modell zur Berechnung der Temperaturen im LPBF-Schmelzbad. Das Ergebnis ist, dass bei einer Verringerung der Belichtungsgeschwindigkeit die Temperatur der Schmelze zunimmt. Dabei wird die Laserleistung konstant gehalten. Interessant wäre es zu untersuchen, wie sich bei gleichbleibender Intensität, das heißt einer Erhöhung der Leistung, bei Absenkung der Geschwindigkeit die Temperatur verhält.

Mit Formel 6.1 und 6.2 kann die Veränderung der Maximaltemperatur in der Schmelze für eine Veränderung der Interaktionszeit, bei gleichbleibender Intensität, berechnet werden. Die Formeln können aus der Wärmeleitungsgleichung vom Laserschweißen (Ultrakurzpulsschweißen) abgeleitet werden [Fin17]. Obwohl beim LPBF Dynamiken und Effekte vorliegen, die hier nicht berücksichtigt werden, besteht das Verfahren aus einer hohen Anzahl von Mikroschweißprozessen. Daher ist das LPBF zumindest in erster Näherung ähnlich dem Laserschweißen und die Formel 6.1 soll hier für eine Abschätzung genutzt werden.

Zunächst wird in Formel 6.1 nach [Fin17] gezeigt, dass sich bei einer Halbierung der Pulsdauer t_0, die Intensität des Laserpulses I_P verdoppelt.

$$\frac{I_P(t = 1/2\,t_0)}{I_P(t_0)} = \frac{\frac{E_{Puls}}{1/2\,t_0 \cdot A_{LM}}}{\frac{E_{Puls}}{t_0 \cdot A_{LM}}} = \frac{2\,I_P(t_0)}{I_P(t_0)} = 2 \tag{6.1}$$

- t_0 Pulsdauer
- I_P Intensität des Laserpulses
- E_{Puls} Energie des Laserpulses
- A_{LM} Laserquerschnittsfläche auf dem Material

Aus Formel 6.2 nach [Fin17] kann abgeschätzt werden, wie sich die maximal an der Oberfläche erreichte Temperatur bei einer Halbierung der Pulsdauer und einer Verdopplung der Intensität, das heißt bei gleichbleibender Energieeinkopplung, verhält.

$$\frac{T(z = 0, t = 1/2\,t_0)}{T(z = 0, t = t_0)} \approx \frac{2\,I_P\sqrt{4\kappa(1/2)t_0}}{I_P\sqrt{4\kappa t_0}} = \frac{2}{\sqrt{2}} = 1{,}41 \tag{6.2}$$

- T Temperatur (bei z = 0 maximal)
- z Betrachtete Tiefe im Material
- t_0 Pulsdauer
- I_P Intensität des Laserpulses
- κ Wärmeleitfähigkeit (Material und Wellenlänge)

Mit Formel 6.2 kann gezeigt werden, dass bei einer Halbierung der Belichtungszeit, bei gleichzeitiger Verdopplung der Intensität, die Maximaltemperatur auf der Oberfläche des Werkstoffes um den Faktor 1,41 vergrößert wird. Obwohl die resultierende Energieeinkopplung der Laserstrahlung im Werkstoff gleichbleibt, sinkt die maximal erreichte Temperatur. Dieses Zahlenbeispiel entspricht ungefähr dem Verhältnis der

Probekörper 11 und 12 mit einer Belichtungsgeschwindigkeit von 300 und 450 mm/s und den Probekörpern 5 und 6 mit 750 mm/s, aber erhöhter Laserleistung. Die Interaktionszeit zwischen Laserstrahl und Schmelzbad wird hier ungefähr halbiert. Gleichzeitig werden die Probekörper 5 und 6 mit 220 und 260 W mit etwa der doppelten Laserleistung gefertigt wie die Probekörper 11 und 12 mit 120 W.

In dieser Abschätzung wird deutlich, dass die im Material durch Wärmeleitung erreichte Temperatur stärker von der Belichtungszeit als der Laserleistung abhängt. Das kann eine Erklärung sein, wieso bei den Probekörpern mit niedrigen Belichtungsgeschwindigkeiten mehr Material verdampft. Des Weiteren kann zusätzlich durch den bei höheren Intensitäten sprunghaft auftretenden Anstieg der Schmelzbadfläche die Gesamtverdampfung reduziert werden, da die eingekoppelte Energie auf ein größeres Schmelzbad verteilt wird [Cou14].

Nach Ansari et al. [Ans19] ist das Material bei dessen erneutem Aufschmelzen bei geringen Spurabständen durch die vorherige Belichtung immer noch aufgeheizt. Dadurch wird beim zweiten Aufschmelzen eine höhere Temperatur in der Schmelze erreicht. Das erklärt teilweise, dass bei kleineren Spurabständen mehr Material, bzw. in der hier untersuchten Legierung mehr Mangan, verdampft. Des Weiteren beobachten Zenani et al [ZEN19], dass sich durch ein erneutes Aufschmelzen Inhomogenitäten auflösen lassen und sich die Absorption der Laserstrahlung bei den bereits aufgeschmolzenen Schmelzbädern erhöht und dadurch bei der erneuten Belichtung höhere Temperaturen erreicht werden. Die Untersuchungen von Zenani et al. beziehen sich auf eine Titanlegierung, und da die Absorption materialabhängig ist, ist eine direkte Übertragung auf den hier untersuchten HMnS nicht zulässig.

Zusammenfassend lässt sich sagen, dass die Veränderung des Mangangehaltes in Abhängigkeit der Verfahrensparameter ein ähnliches Verhalten bei den Probekörpern aus VL und PM5 aufweist. Somit geht sowohl bei den Probekörpern aus VL als auch bei denen aus PM5 Mangan durch die Verdampfung von Legierungselementen verloren. Das ähnliche Verhalten zwischen den Probekörpern aus VL und PM5 ist vermutlich darauf zurückzuführen, dass Mangan sowohl bei VL als auch bei PM5 als Legierung im Pulver vorliegt. Des Weiteren wird festgestellt, dass die Verdampfung des Mangans verstärkt bei kleinen Belichtungsgeschwindigkeiten auftritt. Dies wird zum einen durch die Abhängigkeit der Wärmeleitung von der Belichtungsdauer und zum anderen durch die größere Schmelzbadfläche bei hohen Laserleistungen erklärt. Der Einfluss des mehrfachen Aufschmelzens bei geringen Spurabständen scheint auf das Verdampfungsverhalten einen ähnlichen Effekt wie eine Erhöhung der Belichtungsdauer zu haben.

Eisen

Die Ergebnisse der EDX-Messungen des Eisengehalts zeigen einen ähnlichen Verlauf bei den Probekörpern aus VL und PM5. Der Eisengehalt der Probekörper aus PM5 liegt konstant höher als der Eisengehalt bei den Probekörpern aus VL und damit über dem Ausgangswert. Der Grund dieser Abweichung in den Probekörpern aus VL könnte, statt bei einer tatsächlichen Änderung des Eisengehalts, bei der Abnahme des

Aluminiumgehalts im Bauteil liegen. Die gleiche Menge Eisen nimmt nach dem Prozess einen größeren Anteil in der Gesamtchemie des Probekörpers ein, da weniger Aluminium vorhanden ist. Für diese Erklärung spricht, dass die Veränderungen der Anteile ungefähr übereinstimmen. Der Anteil des Aluminiumgehaltes nimmt (in absoluten Werten) im Mittel um 0,8 Gew% ab. Der Wert des Eisengehaltes nimmt im Mittel um 0,5 Gew% zu. Unter Berücksichtigung von Messungenauigkeiten könnte dies den erhöhten Eisengehalt erklären. Dieselbe Erklärung wird bei der Interpretation der Ergebnisse der EDX-Messungen in der Arbeit von Jandaghi et al. [Jan08] angeführt.

Der Verlauf des Eisengehalts lässt sich dem des Mangangehalts entgegengesetzt beschreiben. Bei den Probekörpern mit den Belichtungsgeschwindigkeiten 300 und 450 mm/s sowie mit den Spurabständen von 50 und 70 µm, bei denen der Mangangehalt stärker abnimmt, nimmt der Eisengehalt dementsprechend stärker zu. Umgekehrt ist der Eisengehalt bei den Probekörpern geringer als im Ausgangsmaterial. Eine mögliche Erklärung ist, dass ebenso wie beim zuvor beschriebenen Einfluss der Änderung des Aluminiumgehalts die Veränderung des Mangangehalts zu einer Verschiebung des Eisengehalts führt. Bei diesem Erklärungsansatz würde sich der tatsächliche Eisengehalt nicht verändern. Indem z. B. Mangan verdampft, nimmt das zuvor vorhandene Eisen einen höheren Anteil in der Legierung an. Die Änderungen der Anteile decken sich mit -0,4 % beim Eisengehalt und +0,3 % beim Mangangehalt (absolute Werte) mit dieser Annahme. Die in Tabelle 2.1 aufgeführte Verdampfungstemperatur des Eisens ist am höchsten, was die aufgestellte These stützt. Ein Verdampfen ist daher nicht zu erwarten. Das Auftreten dieses Trends bei den Probekörpern aus VL sowie aus PM5 bestätigt, dass das Eisen in vorlegierter Form im Pulver ein ähnliches Verhalten aufweist.

Insgesamt wird daher angenommen, dass der tatsächliche Eisengehalt durch den Prozess nicht verändert wird. Die Verschiebungen der Messwerte indizieren die Veränderung des Anteils aufgrund der Reduzierung des Aluminiums und der Verdampfung des Mangans. Da die Verläufe des Eisengehaltes grundsätzlich ähnlich zueinander sind, ist von einem gleichen Verhalten des Eisens bei der Verarbeitung von VL und PM5 auszugehen.

Aluminium

Aus den Ergebnissen ist zu entnehmen, dass die rel. Differenz des Aluminiumgehalts im Mittel bei VL + 0,8 % bei einer SD von 1,61 % und bei PM5 - 16,8 % bei einer SD von 10,49 % liegt. Damit bleibt der Aluminiumgehalt bei VL nahezu gleich, wohingegen bei PM5 ca. 1 Gew% Aluminium während der Verarbeitung verloren geht. Da bei den Probekörpern aus VL keine signifikante Veränderung des Aluminiumgehaltes festgestellt wird, kann eine im Vergleich zu den anderen Elementen erhöhte Verdampfung des Aluminiums bei der Verarbeitung ausgeschlossen werden. Der geringe Anstieg kann mit der Verdampfung von Mangan erklärt werden, da so der relative Anteil an Aluminium ansteigt. Bei den Probekörpern aus PM5 zeigen die Ergebnisse, dass zwischen dem Verlust von Aluminium und den Verfahrensparametern keine Korrelation besteht. Das führt zur Annahme, dass Aluminium nicht während des

Umschmelzvorgangs verdampft, da sonst eine Korrelation zu den Verfahrensparametern bestehen müsste. In der Literatur konnte bereits nachgewiesen werden, dass die Verdampfung mit den Verfahrensparametern korreliert [Yin21; Bid18]. Somit ist der Verlust an Aluminium vorwiegend auf den Pulverbeschichtungsvorgang und die Schutzgasströmung zurückzuführen. Das führt zur Vermutung, dass Aluminium in elementarer Form nicht schneller verdampft als innerhalb eines vorlegierten Pulvers.

6.4 Zwischenfazit

In diesem Kapitel wird die Untersuchung des Verhaltens von VL und den Pulvermischungen bei der Verarbeitung durchgeführt. Dafür werden auf Basis eines aus der Literatur entnommenen stabilen Verfahrensparameters zwei Verfahrensparameterfelder aufgespannt:

1) Zur Untersuchung des Einflusses der Verfahrensparameter und damit der Volumenenergiedichte auf die rel. Dichte
2) Zur Untersuchung der chemischen Zusammensetzung nach der Verarbeitung in Abhängigkeit der Verfahrensparameter

Zusätzlich werden bei allen Probekörpern die Schmelzbadtiefe, -breite und -fläche zum besseren Verständnis des Prozessverhaltens gemessen. Insgesamt werden die folgenden Erkenntnisse gewonnen:

Untersuchung der Verarbeitbarkeit

Das Verfahrensparameterfeld, bei dem eine rel. Dichte > 99,5 % erzielt wird, verschiebt sich in Richtung höherer Volumenenergiedichten, je mehr eAl in der Pulvermischung enthalten ist. Zudem wird bei VL eine geringere Volumenenergiedichte benötigt zum Erreichen von rel. Dichten > 99,5 % als bei PM5 und PM7. Dies ist auf eine Konstellation von verschiedenen Effekten zurückzuführen. Am wahrscheinlichsten ist, dass durch die höhere Schmelztemperatur des Aluminiumoxides der Aluminiumpartikel und durch Mischungswärme zusätzliche Energie während des Umschmelzvorgangs benötigt wird. Das führt zu einer Reduzierung des Schmelzbades und damit zu einer Verfahrensparameterverschiebung hin zu höheren Volumenenergiedichte, um rel. Dichten > 99,5 % zu erreichen.

Einfluss der Verfahrensparameter auf die chemische Zusammensetzung

- Das Verhalten des Mangangehalts und des Eisengehalts während der Verarbeitung ist bei VL gleich dem von PM5, was vermutlich darauf zurückzuführen ist, dass sowohl bei VL als auch bei PM5 Mangan und Eisen in legierter Form im Pulver vorliegt.
- Der Mangangehalt der Probekörper ist abhängig von den Verfahrensparametern. Mit steigender Volumenenergiedichte sinkt der Mangangehalt. Der Verlust ist auf eine Verdampfung des Mangans zurückzuführen. Den stärksten Effekt auf die Verdampfung des Mangans hat die Interaktionszeit des Laserstrahls mit

der Schmelze bzw. die Zeit, in der das Schmelzbad aufrechterhalten wird. Der Einfluss der Laserleistung auf die Verdampfung ist im Vergleich dazu gering.

- Eine Verdampfung des Aluminiums bei den Probekörpern aus PM5 kann ausgeschlossen werden, da keine Korrelation des Aluminiumgehalts zu den Verfahrensparametern festgestellt wird. Somit ist der Verlust ausschließlich in den Entmischungen des eAls durch die Pulverbeschichtung und Schutzgasströmung begründet.

In den in diesem Kapitel durchgeführten Untersuchungen wird gezeigt, dass das Verhalten während der Verarbeitung nicht gleich dem bei vorlegiertem Pulver mit ähnlicher chemischer Zusammensetzung ist. Verschiedene Herausforderungen werden festgestellt. Die Ergebnisse der Versuche hinsichtlich der Verarbeitbarkeit weisen darauf hin, dass bei der in dieser Arbeit verwendeten Legierung ein erhöhter Energiebedarf besteht, um gleich hohe rel. Dichten wie bei der Verwendung von vorlegierten Pulvern zu erzielen. Das heißt nicht, dass dies bei allen Pulvermischungen der Fall ist, zeigt jedoch, dass bei der Verarbeitung von Pulvermischungen eine Anpassung der zu verwendenden Verfahrensparameter erforderlich ist. Außerdem geht aus den Untersuchungen der chemischen Zusammensetzung der Probekörper nach der Verarbeitung hervor, dass die Veränderung der chemischen Zusammensetzung durch den Prozess unterschiedlich zwischen dem vorlegierten Pulver und der Pulvermischung ist. Als entscheidender Faktor dafür werden Entmischungen des Aluminiums während der Beschichtung und aufgrund der Schutzgasführung identifiziert, wie bereits in Kapitel 5 festgestellt. Um dem entgegenzusteuern, muss demnach vorab die Chemie der Pulvermischung entsprechend der zu erwartenden Abweichungen eingestellt werden. Des Weiteren wird bei der Betrachtung des Verdampfungsverhaltens ein grundsätzlich ähnliches Verhalten der Elemente im vorlegierten Pulver und der Pulvermischung festgestellt. In der hier verwendeten Legierung verdampft vorwiegend Mn wegen der geringsten Verdampfungstemperatur. Als treibende Kraft für die Verdampfung wird die Interaktionszeit des Laserstrahls und der Schmelze identifiziert. Das bedeutet für die zukünftige Verwendung von Pulvermischungen zur Einstellung der chemischen Zusammensetzung, dass die chemische Zusammensetzung vor der Verarbeitung entsprechend der zu erzielenden chemischen Zusammensetzung angepasst werden muss. Auf das hier verwendete Legierungssystem bezogen, muss der Mangan- und Aluminiumgehalt im Vergleich zur Zielchemie erhöht werden. Zudem kann durch eine Reduzierung der Interaktionszeit der Verdampfungsanteil verringert werden.

7 Bestimmung und Vergleich der Mikrostruktur

Nachdem im vorangegangenen Kapitel die Einflüsse der Verfahrensparameter auf die rel. Dichte und chemische Zusammensetzung nach der Verarbeitung untersucht werden, erfolgt in diesem Kapitel eine Untersuchung der chemischen Verteilung der Elemente innerhalb eines Schmelzbades und der daraus resultierenden Mikrostruktur. Dafür wird im ersten Schritt ein EDX-Mapping (s. Kapitel 4.4.3) von Aluminium, Mangan und Eisen erstellt und danach mittels EBSD-Analyse (s. Kapitel 4.4.3) die Mikrostruktur bestimmt. Hinsichtlich der Mikrostruktur werden die Phasenverteilung, Korngröße, Kornform und Kornorientierung von Pulvermischungen und vorlegiertem Pulver untersucht und verglichen. Alle Untersuchungen werden an Probekörpern aus VL und PM7 durchgeführt, da somit eine ähnliche chemische Zusammensetzung nach der Verarbeitung zu erwarten ist. Dadurch können Unterschiede in der Mikrostruktur resultierend aus einer Abweichung der chemischen Zusammensetzung minimiert und der Einfluss des eAls auf die Mikrostruktur kann unabhängig der resultierenden chemischen Zusammensetzung betrachtet werden.

7.1 Versuchsergebnisse

7.1.1 Verteilung der Elemente innerhalb einer Schmelzlinse

In Abbildung 7.1 sind die Ergebnisse der EDX-Mappings dargestellt. Oben ist VL und unten PM7 aufgetragen, von links nach rechts die Elemente Aluminium, Mangan und Eisen. Zum besseren Verständnis und zur Darstellung der Aufbaurichtung ist bei den Mappings von PM7 ein Schmelzbad schematisch in weiß schematisch gekennzeichnet.

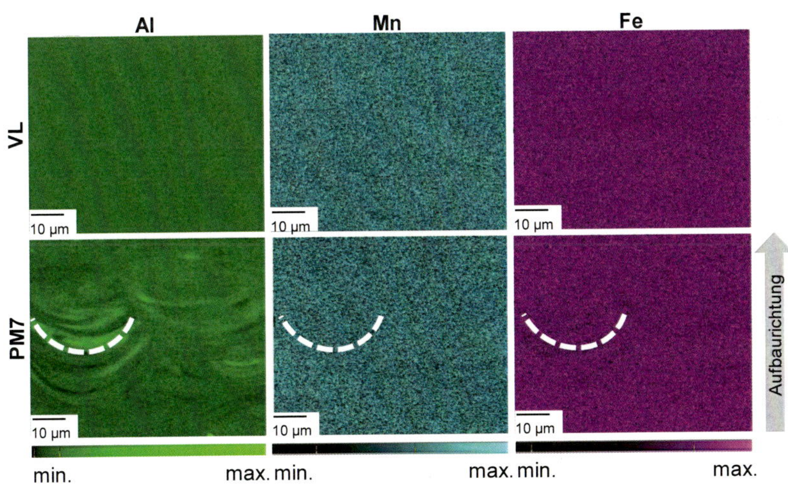

Abbildung 7.1: EDX-Mapping der Elemente Aluminium (links), Mangan (mitte) und Eisen (rechts) von VL (oben) und PM7 (unten) im Querschliff der Probekörper

Bei den Probekörpern aus VL sind die Elemente nach der Verarbeitung gleichmäßig in der Matrix verteilt und es sind keine Schwankungen in der chemischen Zusammensetzung auf Schmelzlinsenebene erkennbar. Dagegen ist bei dem EDX-Mapping der Probekörper aus PM7 zu sehen, dass der Aluminiumgehalt in den Schmelzbadaußenbereichen steigt. Dies ist auch gegensätzlich bei der Verteilung des Eisengehaltes zu beobachten, da dort im Schmelzbadrand und korrelierend zum Aluminiumgehalt weniger Eisen vorliegt. Das Mangan ist sowohl bei VL als auch bei PM7 gleichmäßig in der Matrix verteilt und keine Schwankungen werden identifiziert.

7.1.2 Untersuchung der Mikrostruktur

Im Folgenden sind die EBSD-Mappings der Phasenverteilung (Abbildung 7.2), des Bandkontrasts zur Darstellung der Korngrößen (Abbildung 7.3), und die farblich gekennzeichneten IPF-Maps (Inverse Pole Figure) zur Bestimmung der Kornorientierung (Abbildung 7.4) dargestellt. Links in den Bildern ist VL und rechts PM7 im verarbeiteten Zustand abgebildet. Ergänzend dazu sind in Tabelle 7.1 die Phasenverteilung und in Tabelle 7.2 die Mittelwerte der Korngrößen aufgetragen.

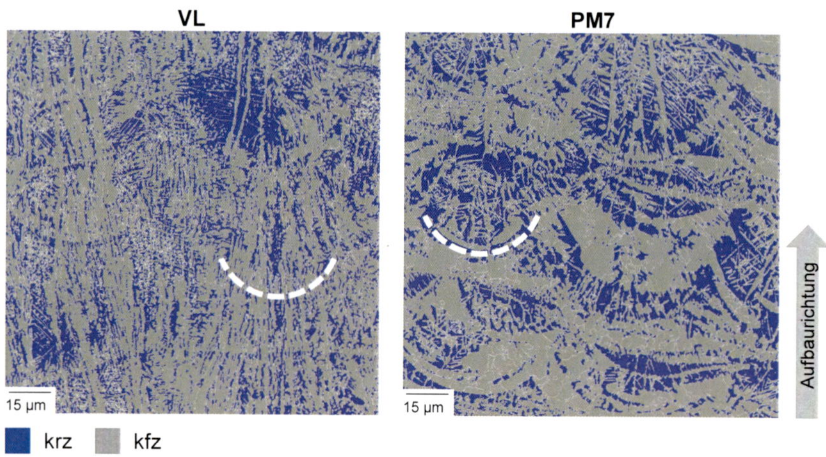

Abbildung 7.2: EBSD-Phasenmaps mit schematisch dargestellter Schmelzbadgeometrie (rot) von Probekörpern aus VL (links) und PM7 (rechts)

In den Probekörpern aus VL als auch in denen aus PM7 wird ein Duplexgefüge aus kfz- und krz-Phasen ausgebildet. Bei den Probekörpern aus VL ist im Vergleich zu denen aus PM7 keine Ausbildung der krz-Phase zu erkennen, die mit den Schmelzbädern korreliert. Die krz-Phasen sind bei den Probekörpern aus VL gleichmäßig und fein in der Matrix eingebettet. Dagegen sind bei den Probekörpern aus PM7 Ansammlungen der krz-Phase in den Schmelzbadrändern zu erkennen. Entsprechend werden in der Schmelzbadmitte überwiegend kfz ausgebildet.

Tabelle 7.1: kfz und krz Phasenanteile des Gefüges der Probekörper aus VL, PM5 und PM7 in [%]

Pulver	kfz [%]	krz [%]
VL	72	28
PM5	94	6
PM7	69	31

Trotz der Unterschiede in der Anordnung und Größe der Bereiche der krz-Phase in den Probekörpern, sind die Anteile mit 28 % krz bei denen aus VL und 31 % krz bei denen aus PM7 ähnlich. Als Vergleich sind in Tabelle 7.1 zudem die Phasenverhältnisse bei den Probekörpern aus PM5 aufgetragen. In den Probekörpern aus PM5 ist mit nur 6 % ein geringerer Anteil der krz-Phase vorhanden.

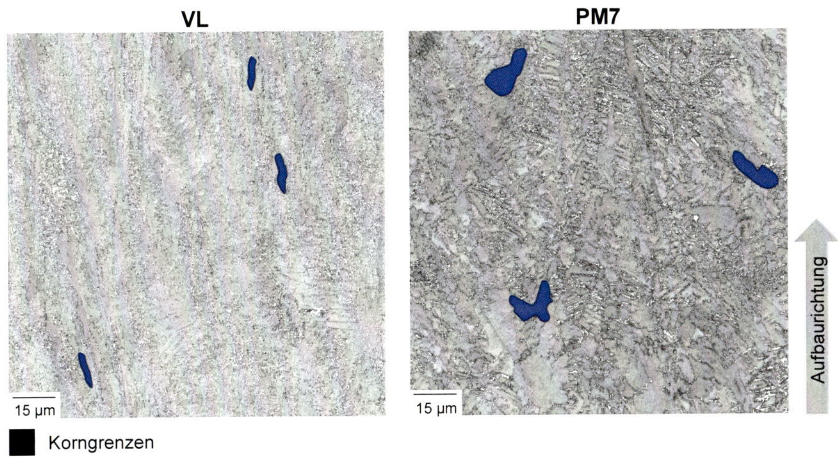

Abbildung 7.3: EBSD-Maps des Bandkontrasts von VL (links) und PM7 (rechts) mit exemplarisch markierten Körnern in blau

Bei den Probekörpern aus VL werden längliche, mit der schmalen Seite in Richtung der Aufbaurichtung ausgerichtete Körner ausgebildet. Im Gegensatz dazu sind die Körner in den Probekörpern aus PM7 willkürlich geformt und weisen keine Vorzugsorientierung und/oder definierte Form auf. Außerdem sind die Körner in den Probekörpern aus VL im Vergleich zu denen aus PM7 kleiner und gleichmäßiger angeordnet. In Tabelle 7.2 sind die Mittelwerte der Korngröße entsprechend der Phasen aufgetragen.

Tabelle 7.2: Mittelwerte der Korngrößen der kfz- und krz-Phasen der Probekörper aus VL und PM7 in [µm]

Pulver	kfz [µm]	krz [µm]
VL	0,84 ±0,37	0,97 ±0,56
PM7	1,55 ±0,49	1,63 ±0,63

In Tabelle 7.2 ist zu erkennen, dass die kfz-Körner in den Probekörpern aus VL mit 0,84 µm im Mittel etwa halb so groß sind wie in den Probekörpern aus PM7 (1,55 µm). Bei den krz-Körnern ist ein ähnlicher Trend erkennbar. Die Größe der krz-Körner der Probekörper aus VL beträgt im Mittel 0,97 µm und die aus PM7 1,63 µm.

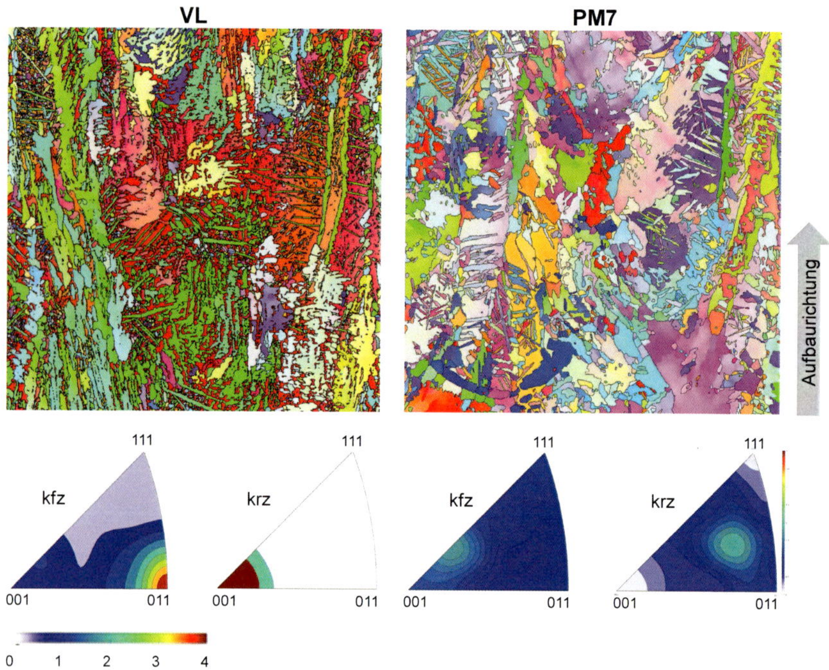

Abbildung 7.4: EBSD-Maps der Kornorientierung und IPF-Maps in Aufbaurichtung bei den Probekörpern aus VL (links) und PM7 (rechts)

Die Mikrostruktur der Probekörper aus VL weist eine ausgeprägte und orientierte Textur auf. Die kfz-Körner sind vorwiegend in [011] und krz-Körner in [001] orientiert. Dagegen zeigt das Gefüge der Probekörper aus PM7 keine ausgeprägte Textur und sowohl die krz- als auch die kfz-Körner sind stochastisch orientiert. Des Weiteren ist eine nadelförmige Ausbildung der Körner bei den Probekörpern aus VL zu erkennen, wohingegen die Körner in den PM7-Probekörpern keine definierte Form aufweisen.

7.2 Diskussion

7.2.1 Verteilung der Elemente innerhalb der Schmelzlinse

Die Ergebnisse der EDX-Mappings zeigen, dass die Probekörper aus VL bei der hier verwendeten Messauflösung eine gleichmäßige Verteilung der Elemente aufweisen und die analysierten Elemente (Eisen, Mangan und Aluminium) gleichmäßig in der Matrix verteilt sind. Dagegen ist bei den Probekörpern aus PM7 eine ungleichmäßige Verteilung des Aluminiums und des Eisens erkennbar. Da Eisen die Matrix bildet, ist von einer Entmischung oder nicht gleichmäßigen Verteilung des Aluminiums auszugehen. Eine Anreicherung von Aluminium bei PM5 konnte auch schon in den Vorarbeiten von Köhnen festgestellt werden [Köh20]. Wie in Abbildung 7.1 zu sehen, segregiert das Aluminium bei den Probekörpern aus PM7 im Schmelzbadrand, wohingegen es in den Probekörpern aus VL gleichmäßig verteilt ist. Das deutet darauf hin, dass das Seigerungsverhalten des Aluminiums in den Probekörpern aus PM7 aufgrund des Vorliegens der elementaren Aluminiumpartikel im Pulver geschieht. Eine ungleichmäßige Verteilung der Elemente in Probekörpern aus Pulvermischungen mit elementaren Pulvern sind aus der Literatur bekannt [Vra14; Gri17; Kan16]. Bei dem Großteil der Arbeiten werden nicht komplett aufgeschmolzene Partikel des hinzugemischten Pulvers gefunden und als Grund für die Inhomogenitäten angegeben. Erklärt wird die inhomogene Verteilung der Elemente dadurch, dass die eingebrachte Umschmelzenergie nicht ausreicht, um ein ausreichend großes Schmelzbad zu generieren, in dem die Elemente durch Homogenisierungs- und Diffusionseffekte gleichmäßig in Legierung gehen. Insbesondere bei Elementen mit höheren Schmelzpunkten als die Matrixlegierung (z. B. Wolfram und Tantal) und bei Pulvern mit einer ausgeprägten Oxidschicht (z. B. Aluminium und Chrom) wird beobachtet, dass teilweise die Partikel nicht vollständig aufgeschmolzen werden und deswegen eine ungleichmäßige Verteilung dieser Elemente auftritt [Kan17; Kan16; Kan18]. Das kann für die hier verarbeitete Legierung vorerst ausgeschlossen werden, da keine unaufgeschmolzenen Partikel in den Probekörpern gefunden werden. Trotzdem kann es sein, dass das Zeitintervall der Flüssigphase und die auftretenden Homogenisierungs- und Diffusionseffekte im Schmelzbad nicht ausreichen, um das lokal elementar vorliegende Aluminium nach dem Aufschmelzen gleichmäßig im Schmelzbad zu verteilen. Daraus resultiert, dass je länger die Schmelze aufrechterhalten wird und je größer das Schmelzbad ist, desto gleichmäßiger das Aluminium im Schmelzbad verteilt wird. Untermauert wird diese These in der Arbeit von Kies et al. [Kie18], in der die Pulvermischung X30Mn22 + 1 Gew% Aluminium mittels LPBF und LMD verarbeitet und miteinander verglichen wird. Außerdem konnte von Ewald et al. [Ewa19b] nachgewiesen werden, dass mit steigender Interaktionszeit und Volumenenergiedichte eine gleichmäßigere Verteilung der Elemente in Pulvermischungen aus elementaren Pulvern im Gefüge erreicht werden kann. In Abbildung 7.5 ist die Verteilung der Elemente von mittels LPBF (oben) und LMD (unten) hergestellten Probekörpern aus X30Mn22 + 1 Gew% Aluminium nach der von Kies et al. [Kie18] dargestellt. Von links nach rechts sind die Elemente Aluminium, Mangan und Eisen aufgezeigt.

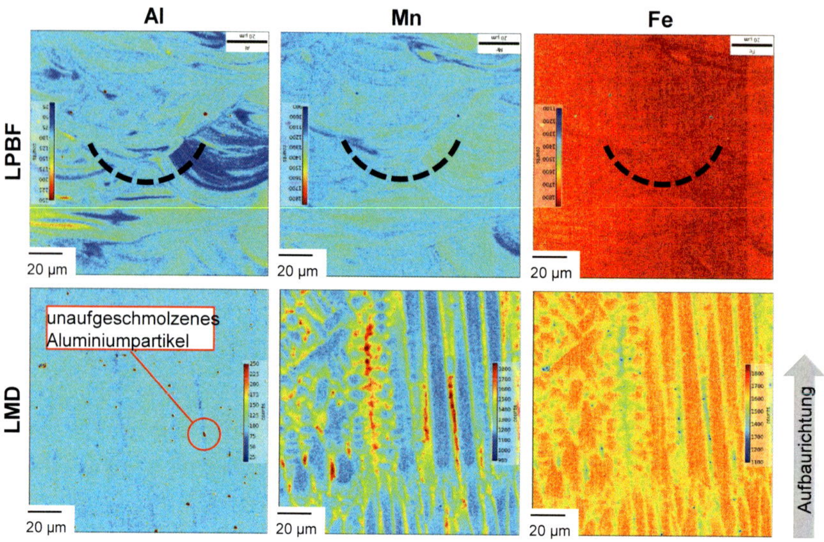

Abbildung 7.5: EDX-Mapping nach der Verarbeitung von X30Mn22 + 1 Gew% Aluminium nach der Verarbeitung mittels LPBF (oben) und LMD (unten) nach [Kie18]

Hierbei ist zu sehen, dass das Aluminium bei den mittels LPBF hergestellten Probekörpern nicht gleichmäßig verteilt ist, wohingegen bei den Probekörpern hergestellt mittels LMD keine Entmischungen des Aluminiums erkennbar sind. Allerdings konnten nicht alle Aluminiumpartikel vollständig aufgeschmolzen werden und sind im EDX-Mapping als rote Punkte sichtbar. Dagegen konnte ein Seigerungsverhalten des Mangans beim LMD festgestellt werden, was aus der konventionellen Verarbeitung von HMnS bekannt ist. LPBF und LMD unterscheiden sich in der Abkühlzeit der Schmelze. Beim LPBF beträgt die Abkühlzeit 10^6–10^7 K/s und beim LMD 10^3–10^4 K/s [Koß20]. Dadurch haben die Elemente beim LMD mehr Zeit, in Legierung zu gehen, als beim LPBF. Dagegen wird die Schmelze beim LPBF blitzartig erstarrt und dadurch den Elementen wenig Zeit gegeben, in Legierung zu gehen und dementsprechend homogen zu durchmischen [Kie18].

Eine weitere Erklärung der Seigerung von Aluminium in den Randbereichen der Schmelzbäder liefern Krakhmalev et al. [Yad17]. Hier wird festgestellt, dass Kupfer in einer Pulvermischung aus Ti6Al4V + 1 Gew% elementarem Kupfer nicht gleichmäßig innerhalb des Schmelzbades verteilt wird und vorwiegend in den Schmelzbadrändern seigert. Die ungleichmäßige Verteilung des Kupfers nach der Verarbeitung wird mit der höheren Materialdichte und der nur halben Viskosität der Kupferschmelze im Vergleich zur Ti6Al4V-Schmelze erklärt. Bei den in dieser Arbeit verwendeten Pulvermischungen aus X30 und eAl ist die Viskosität der Aluminiumschmelze (3,7 dPa-s) im Vergleich zur Viskosität der HMnS-Schmelze (6,93 dPa-s) ebenfalls etwa halb so groß [Kon11; Din04]. In den Arbeiten wird angenommen, dass aufgrund des Viskositäts- und Materialdichteunterschieds die Durchmischung in der Schmelze erschwert wird und dadurch das Aluminium vor der HMnS-Schmelze hergeschoben wird und am Schmelzbadrand seigert.

Da das LPBF-Verfahren mit einer Vielzahl von kleinen Schweißprozessen vergleichbar ist, kann außerdem der sogenannte Effekt „Banding“ die Anreicherung des Aluminiums im Schmelzbadrand bewirken bzw. verstärken. Aufgrund thermischer Schwankungen im Schmelzbad, die bei Pulvermischungen durch Materialunterschiede beim Aufschmelzen verstärkt werden, kann es zu einer Veränderung der Wachstumsraten der Erstarrungsfront kommen. Die Änderung der Wachstumsraten der Erstarrungsfront führt zu unterschiedlichen Mengen an gelösten Elementen in der Schmelze an der Fest-Flüssig-Phasengrenze. Dadurch wird das Aluminium an die Randbereiche der Schmelzbäder gedrängt und seigert dort. Dieser Effekt tritt auch bei vorlegierten Pulvern auf und wird wahrscheinlich durch das elementar vorliegende Aluminium und die dadurch stärkeren thermischen Schwankungen verstärkt [Mes99].

Bei den Probekörpern aus VL tritt im Gegensatz zu denen aus PM7 keine Entmischung von Aluminium in der hier betrachteten Größenordnung auf. Die ungleichmäßige Verteilung des Aluminiums bei den Probekörpern aus den Pulvermischungen kann auf die verschiedenen genannten Effekte neben einer nicht ausreichenden Schmelzbadgröße und geringen Zeit in der Schmelze zurückgeführt werden. Die Durchmischung der Elemente während des Umschmelzvorgangs hängt maßgeblich von der Interaktionszeit und Volumenenergiedichte ab [Ewa19b; Dzo20; Kan16] und sollte sonst in weiterführenden Arbeiten durch Variation der Verfahrensparameter tiefgründig untersucht werden.

7.2.2 Untersuchung der Mikrostruktur

In den Ergebnissen der Phasenverteilung wird gezeigt, dass die Mikrostruktur der Probekörper aus VL und PM7 ähnlich ist. Bei beiden wird ein Duplexgefüge mit gleichen Anteilen der kfz- und krz-Phasen ausgebildet. Das Gefüge besteht jeweils aus ca. 70 % kfz und ca. 30 % krz. Das deutet darauf hin, dass die chemische Zusammensetzung in den Messausschnitten bei den Probekörpern aus VL und denen aus PM7 gleich bzw. ähnlich ist. Daher kann davon ausgegangen werden, dass die Unterschiede in der Mikrostruktur auf eine Abweichung der chemischen Zusammensetzung zurückzuführen sind. Eine Veränderung der chemischen Zusammensetzung führt zu einer Änderung der Phasenanteile, was bei der Messung der Probekörper aus PM5 zu sehen ist. Hier liegen etwa 2 Gew% weniger Aluminium im Messbereich vor als bei den Probekörpern aus VL und PM7. Dies führt zu einer Erhöhung des kfz-Phasenanteils auf 94 %. Daraus resultiert, dass schon geringe Unterschiede in der chemischen Zusammensetzung zu Unterschieden in der Phasenausbildung in dem hier betrachteten Legierungssystem führen. Durch die gleichmäßigere Verteilung des Aluminiums in den Probekörpern aus VL sind die Phasen homogener verteilt als bei den Probekörpern aus PM7. Das ist auf die lokalen Unterschiede des Aluminiumgehaltes zurückzuführen. Die Erklärung hierfür wird durch das Phasendiagramm von X30Mn21 +xAl in Gew% gegeben (Abbildung 7.6).

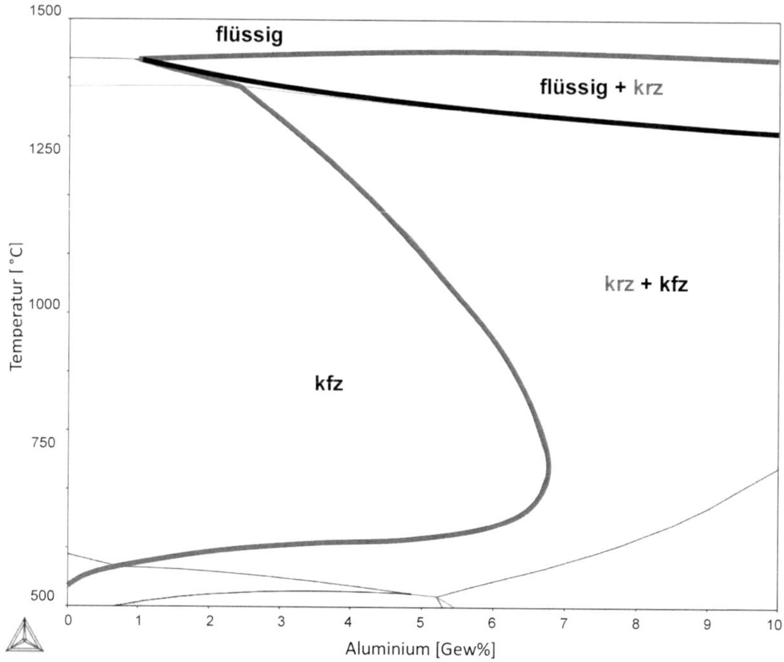

Abbildung 7.6: Phasendiagramm von X30Mn21 + xAl in Gew% nach [Köh20]

Im Phasendiagramm ist zu sehen, dass ab ca. 6,8 Gew% Aluminium das kfz- und krz-Gefüge stabil ausgebildet wird und keine Festkörperumwandlung einer metastabilen kfz-Phase mehr stattfindet. Damit bleiben die aus der Schmelze gebildeten Phasen erhalten. Somit erstarren die mit Aluminium angereicherten Bereiche vorwiegend stabil krz und die an Aluminium verarmten Bereiche vorwiegend stabil kfz. Den Nachweis, dass die krz-Phase bei den aus VL hergestellten Probekörpern überwiegend aus einer metastabilen kfz-Phase entsteht und dadurch aus einer Festkörperumwandlung, liefern die EBSD-Mappings. Die starke Textur und nadelförmige Erstarrung der Probekörper aus VL ist ein Zeichen für die Festkörperumwandlung. Die Festkörperumwandlung wird durch die Orientierungsbeziehung zwischen kfz- und krz-Phasen bei den Probekörpern aus VL nachgewiesen. Die hier festgestellte Orientierungsbeziehung ist auf Kurdjumov und Sachs zurückzuführen und wird in der Literatur als eine der am häufigsten auftretenden Orientierungsbeziehungen für Duplex-Stähle (kfz-krz) bezeichnet [Hea02]. Das hier festgestellte Erstarrungsverhalten wird auch schon von Köhnen et al. bei Probekörpern hergestellt aus PM5 beobachtet [Köh20].

Die Unterschiede in der Erstarrung führen ebenso dazu, dass die Korngröße bei den Probekörpern aus VL halb so groß ist wie bei den Probekörpern aus PM7. Das ist wiederum auf die lokalen Unterschiede des Aluminiumgehaltes zurückzuführen. Da bei PM7 eine vorwiegend einphasig stabile Erstarrung zu beobachten ist (da keine Orientierungsbeziehung zwischen kfz- und krz-Phasen erkennbar ist), haben die

Körner länger Zeit zu wachsen und werden dementsprechend größer. Dagegen klappt bei den Probekörpern aus VL unmittelbar nach der metastabilen kfz-Erstarrung teilweise das Gefüge in krz um. Das geht aus der oben beschriebenen Orientierungsbeziehung nach Kurdjumov und Sachs hervor. Die Festkörperumwandlung führt zu den kleineren Körnern. Eine Reduzierung der Korngröße aufgrund von einer gleichmäßigeren Elementverteilung wird zudem von Vora et al. festgestellt [Vor15].

Bei den untersuchten Probekörpern aus VL und PM7 wird ein ähnliches Gefüge festgestellt. Bei den Probekörpern aus VL als auch bei denen aus PM7 wird ein Duplexgefüge mit ca. 70 % kfz und 30 % krz ausgebildet. Trotzdem sind grundlegende Unterschiede hinsichtlich der Phasenverteilung, Korngröße und Kornorientierung festzustellen. Diese lassen sich auf die ungleichmäßigere Verteilung des Aluminiums in den Probekörpern aus PM7 und die bei den Probekörpern aus VL eintretende Festkörperumwandlung zurückführen.

7.3 Zwischenfazit

In diesem Kapitel wird die resultierende lokale chemische Verteilung der Elemente innerhalb des Schmelzbades sowie die Mikrostruktur der Probekörper analysiert und anschließend zwischen den Probekörpern aus VL und PM7 verglichen. Dafür wird mittels EDX-Mapping die lokale Elementverteilung innerhalb des Schmelzbades bestimmt und durch EBSD-Messungen die Phasenverteilung, die resultierende Korngröße und die Kornorientierung untersucht. Daraus ergeben sich die folgenden Schlussfolgerungen:

Verteilung der Elemente innerhalb des Schmelzbades

Bei den Probekörpern aus VL wird eine gleichmäßige Verteilung der Elemente beobachtet; bei denen aus PM7 sind die Schmelzbadränder mit Aluminium angereichert. Das ist auf Seigerungen des Aluminiums am Schmelzbadrand bei den Probekörpern aus PM7 zurückzuführen. Gründe dafür sind, neben der nicht ausreichenden Schmelzbadgröße und Interaktionszeit, Effekte wie das sogenannte Banding und der Viskositäts- und Dichteunterschied der Elemente.

Untersuchung der Mikrostruktur

- Grundsätzlich ist das Erstarrungsverhalten von VL und PM7 ähnlich, da die ausgebildeten Phasenanteile gleich sind. Allerdings ist ein Unterschied der Phasenverteilung festzustellen. Der Grund hierfür sind die lokalen Unterschiede der chemischen Zusammensetzung. Die gleichmäßigere Verteilung der Phasen in den Probekörpern aus VL wird auf eine einsetzende Festkörperumwandlung zurückgeführt, wobei die Phasen bei den Probekörpern aus PM7 direkt aus der Schmelze entsprechend der lokalen chemischen Zusammensetzung gebildet werden.
- Die resultierenden Körner sind bei den Probekörpern aus VL um die Hälfte kleiner als bei denen aus PM7. Durch die feinere Verteilung des Aluminiums wird

eine feinere Phasenverteilung und damit kleinere Körner erreicht. Der Grund hierfür ist die Festkörperumwandlung in den Probekörpern aus VL.

- Bei den Probekörpern aus VL wird eine gerichtete Erstarrung der Körner in Aufbaurichtung beobachtet, was typisch für den LPBF-Prozess ist. Dagegen ist die Orientierung der Körner bei PM7 nicht gerichtet und eher willkürlich. Dies liegt in der Erstarrung der Phasen bei den Probekörpern aus PM7 direkt aus der Schmelze begründet.

Aus diesem Kapitel geht hervor, dass die Verteilung der chemischen Elemente bei den Pulvermischungen nicht gleich der bei vorlegierten Pulvern ist. Das in der hier untersuchten Pulvermischung vorliegende elementare Aluminium geht nicht gleichmäßig in Lösung und wird an den Korngrenzen angereichert. Dadurch resultiert eine ungleichmäßige Verteilung des Aluminiums im Gefüge, was zu Unterschieden in der Erstarrung und der Gefügestruktur führt. Für die Verarbeitung von Pulvermischungen heißt das, dass Unterschiede im Gefüge nach der Verarbeitung im Vergleich zu vorlegierten Pulvern zu erwarten sind und abhängig von den hinzugefügten Pulver-/Materialeigenschaften sind. Bspw. gehen kleinere Pulverpartikel besser in Lösung als größere. Des Weiteren gehen Pulver mit einem ähnlichen Schmelzpunkt wie das Matrixpulver besser in Lösung als Pulver mit einer ausgeprägten Oxidschicht oder Pulver mit deutlich höherer Schmelztemperatur als das Matrixpulver. Über eine Anpassung der Verfahrensparameter ist es zudem möglich, die Durchmischung der Elemente nach Verarbeitung von Pulvermischungen zu erhöhen.

8 Analyse und Vergleich der mechanischen Eigenschaften

Nachdem im vorangegangenen Kapitel die Mikrostruktur und die lokale Verteilung der Elemente bestimmt wird, werden in diesem Kapitel die daraus resultierenden mechanischen Eigenschaften der Probekörper anhand von Zugversuchen ermittelt. Dafür werden Zugversuche an Probekörpern in 0°, 45° und 90° Aufbaurichtung durchgeführt. Im Folgenden werden die Anordnung der Probekörper beschrieben, die Ergebnisse aufgezeigt und abschließend diskutiert und ein Fazit gezogen.

8.1 Anordnung und Herstellung der Probekörper

Zur Analyse der mechanischen Eigenschaften anhand von Zugversuchen werden je Aufbaurichtung (0°, 45° und 90°) drei Zylinder der Form D10x85 mm (s. Kapitel 4.3.4) hergestellt. Nachfolgendsind die Anordnung und Orientierung der Probekörper in Abbildung 8.1 dargestellt.

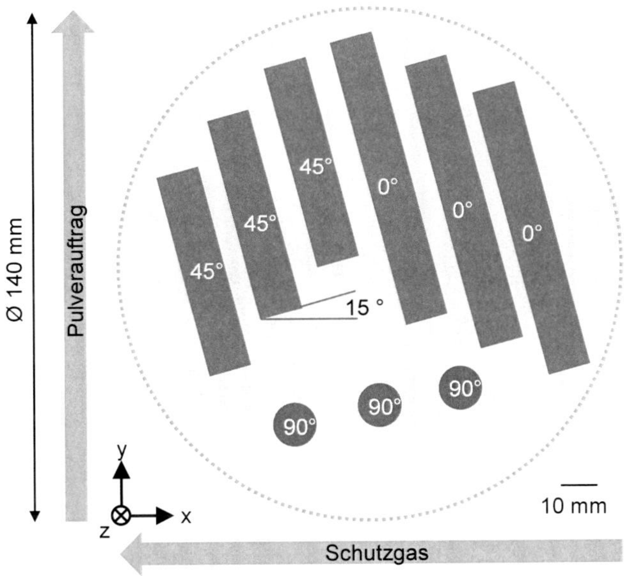

Abbildung 8.1: Anordnung der Probekörper zur Herstellung der Zugproben auf der Bauplattform

Nach der Herstellung werden die Probekörper von der Bauplattform getrennt und entsprechend der Darstellung in Kapitel 4.3.4 nachbearbeitet. Danach werden die Zugversuche durchgeführt. Die verwendete Messtechnik und Messparameter sind dem Kapitel 4.5 zu entnehmen

8.2 Versuchsergebnisse

In Abbildung 8.2 sind die Spannungs-Dehnungs-Kurven der Zugversuche aus den Probekörpern aus VL und PM7 in den drei Aufbaurichtungen dargestellt. Von oben nach unten sind die Ergebnisse in 0°, dann 45° und zuletzt 90° Aufbaurichtung abgebildet.

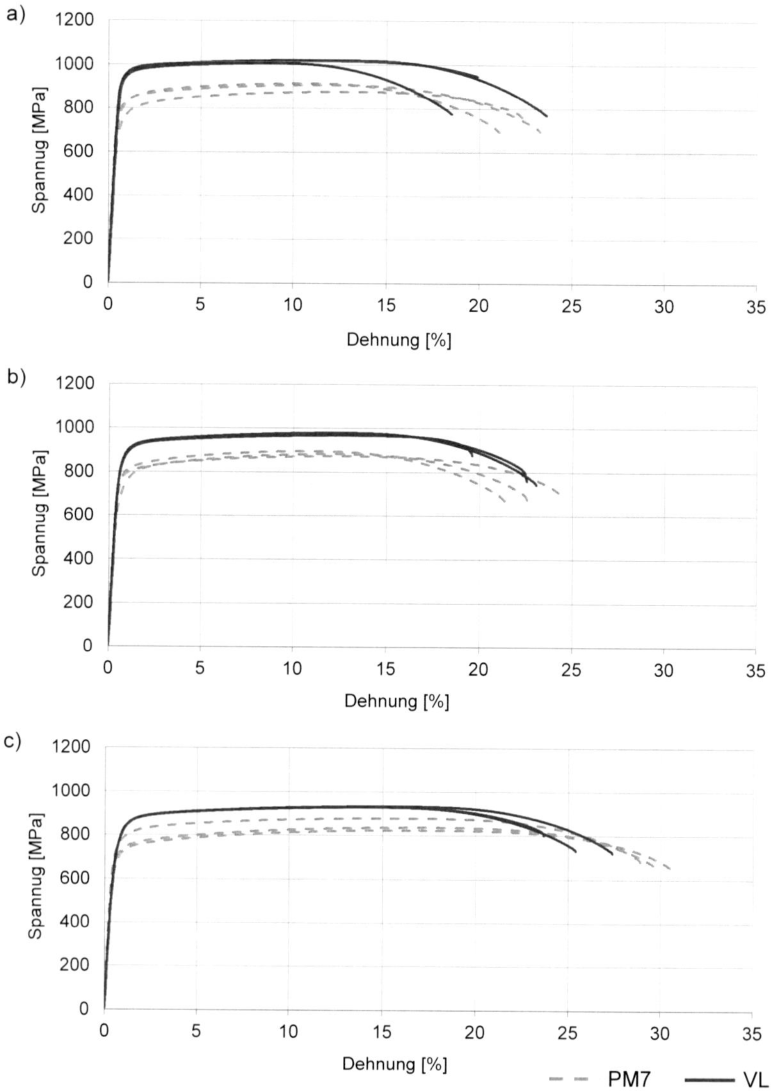

Abbildung 8.2: Spannungs-Dehnungs-Diagramme der Probekörper aus VL und PM7 in a) 0°, b) 45° und c) 90° Aufbaurichtung

Alle Zugproben weisen einen ähnlichen Spannungs-Dehnungs-Verlauf auf; zuerst eine elastische Verformung, dann eine gleichmäßige Verfestigung, bevor das Einschnüren bis zum Bruch beginnt.

In Abbildung 8.3 ist exemplarisch jeweils eine Verfestigungskurve der Probekörper in 0°, 45° und 90° Aufbaurichtung aus VL und PM7 aufgetragen.

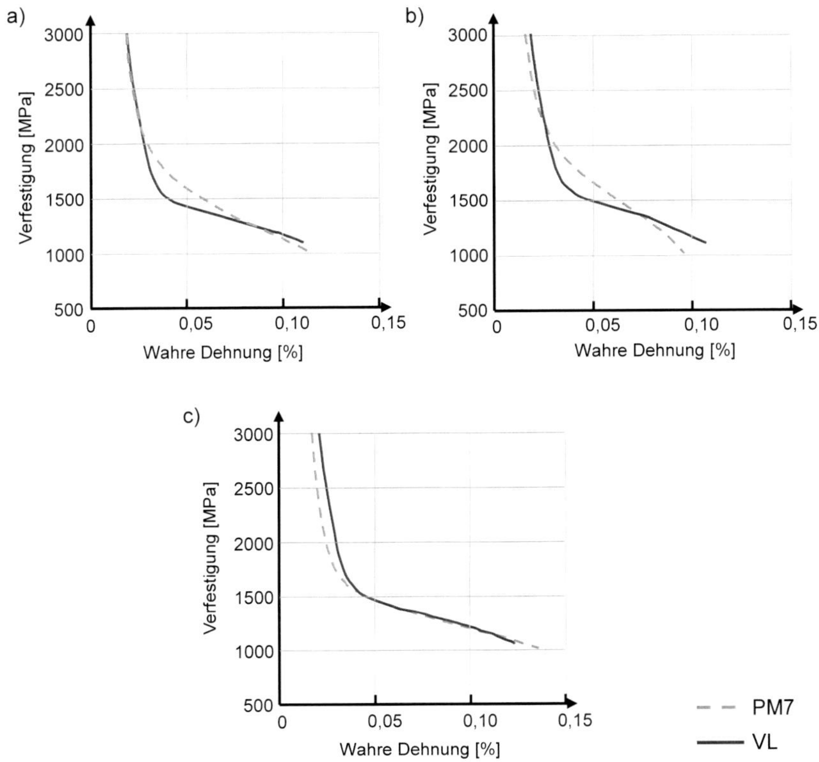

Abbildung 8.3: Exemplarische Verfestigungskurven der Probekörper in a) 0°, b) 45° und c) 90° Aufbaurichtung. Auf der y-Achse ist die Verfestigung in [MPa] und auf der x-Achse die wahre Dehnung in [%] aufgetragen

Der Graph der Verfestigungskurven der Probekörper aus VL ist unabhängig der Aufbaurichtung und weist in allen drei Aufbaurichtungen den gleichen Verlauf auf. Die Verfestigungskurven von den Probekörpern aus PM7 zeigen einen Unterschied von 0° und 45° zur 90° Aufbaurichtung. Der Verlauf der Verfestigungskurven der Probekörper aus PM7 fällt in 0 und 45° Aufbaurichtung stärker als bei den Probekörpern aus VL ab. Bei den Probekörpern in 90° Aufbaurichtung sind die Verläufe von VL und PM7 nahezu gleich.

In Abbildung 8.4 sind die gemittelten Werte der Zugfestigkeit, Streckgrenze und Bruchdehnung der Probekörper aus VL und PM7 als Balkendiagramm gegenübergestellt.

Links sind die Ergebnisse für VL und rechts die für PM7 abgebildet. Von oben nach unten ist zuerst die Zugfestigkeit, dann die Streckgrenze und abschließend die Bruchdehnung aufgetragen.

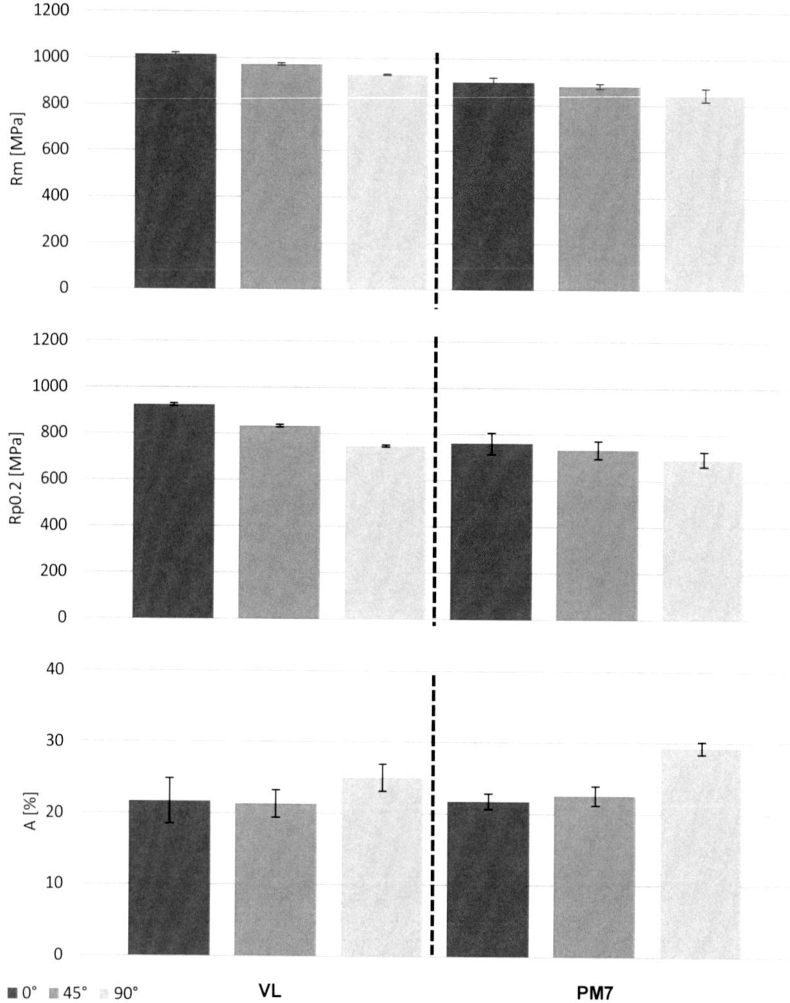

Abbildung 8.4: Balkendiagramme der aus dem Zugversuch entnommenen mechanischen Eigenschaften (Zugfestigkeit R_m, Streckgrenze R_p und Bruchdehnung A) von Zugproben aus VL (links) und aus PM7 (rechts)

Die Zugfestigkeit ist in allen Aufbaurichtungen bei den Probekörpern aus PM7 um ca. 100 MPa geringer als bei denen aus VL. Die größte Zugfestigkeit wird bei den Probekörpern in 90° Aufbaurichtung aus VL erreicht. Außerdem fällt die Zugfestigkeit bei den Probekörpern aus VL als auch bei denen aus PM7 stetig von 0° über 45° bis hin zu

90° Aufbaurichtung ab. Die Zugfestigkeit und Streckgrenze sinken mit der Orientierung von 90° über 45° zu 0° um jeweils ca. 50 MPa bei den Probekörpern aus VL als auch bei denen aus PM7. Die SD ist bei den Probekörpern aus PM7 größer als bei denen aus VL. Die Streckgrenze und Zugfestigkeit weisen einen ähnlichen Verlauf auf. Die Streckgrenze nimmt bei den Probekörpern aus VL und bei denen aus PM7 von 0° hin zu 90° Aufbaurichtung ab; die größte Streckgrenze von 900 MPa wird bei 0° Aufbaurichtung bei den Probekörpern aus VL erreicht. Außerdem ist die SD bei den Probekörpern aus PM7 größer als bei denen aus VL. Bei der Bruchdehnung ist im Vergleich zur Streckgrenze und Zugfestigkeit ein gegensätzlicher Trend zu erkennen: Die Bruchdehnung fällt von 90° hin zu 0° und 45° Aufbaurichtung bei den Probekörpern aus VL als auch bei denen aus PM7 ab. Die Bruchdehnung der Zugversuche in 0° und 45° Aufbaurichtung ist ähnlich und der Unterschied zwischen den Probekörpern aus VL und PM7 liegt innerhalb der SD. Die größte Bruchdehnung wird bei PM7 mit 30 % in 90° Aufbaurichtung erreicht.

8.3 Diskussion

Das Verformungshalten der Probekörper aus VL und PM7 ist ähnlich, Ausreißer werden nicht festgestellt. Alle Zugproben weisen zuerst einen kurzen elastischen Bereich, dann eine gleichmäßige Verfestigung und abschließend eine Einschnürung vor dem Bruch auf. Das lässt darauf schließen, dass grundsätzlich die gleichen Verformungsmechanismen ablaufen. Die Zugfestigkeit und die Streckgrenze bei den Probekörpern aus VL ist im Mittel 100–150 MPa höher als bei den Probekörpern aus PM7. Die Bruchdehnung, insbesondere in 90° Aufbaurichtung, ist bei den Probekörpern aus PM7 größer als bei denen aus VL. Die größere Zugfestigkeit und Streckgrenze sind auf die kleineren Körner in den Probekörpern aus VL zurückzuführen. Laut Literatur führen kleinere Körner zu einem Anstieg der Festigkeit aufgrund des Anstiegs an Korngrenzen in Verformungsrichtung. Die Korngrenzen stellen Hindernisse für die Versetzungsbewegung bei der Verformung dar und steigern somit Streckgrenze sowie Festigkeit [Got14, S. 265; Ble09, S. 27]. Allerdings sollte eine Kornfeinung bei HMnS auch zu einem Anstieg der Bruchdehnung führen [Nag19; Got13, S. 71; Got14, S. 265]. Das ist in den Ergebnissen jedoch nicht zu beobachten. Ein Grund hierfür kann darin liegen, dass durch die ungleichmäßige Verteilung des Aluminiums in den aluminiumarmen Bereichen TWIP einsetzt, da dort die SFE sinkt [Twa13]. In Abbildung 8.5 sind die einsetzenden Verformungsmechanismen abhängig der SFE und damit abhängig vom Aluminiumgehalt aufgetragen.

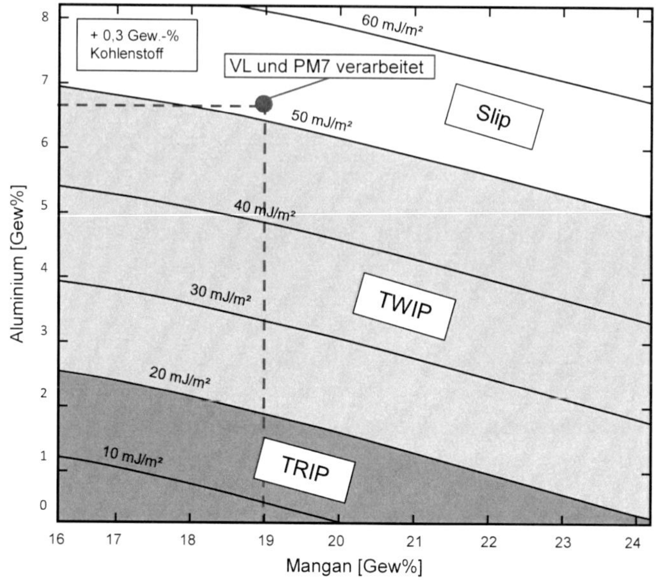

Abbildung 8.5: SFE aufgetragen über den Mn-Gehalt (x-Achse) und Aluminiumgehalt (y-Achse) und die daraus resultierenden Verformungsmechanismen [Twa13]

Wie in Abbildung 8.5 zu sehen, ist der dominierende Verformungsmechanismus bei einem Mangangehalt von 18–19 Gew% bis ca. 6–7 Gew% Aluminium TWIP und von da an Slip. Aus Kapitel 5.2.2 ist zu entnehmen, dass der resultierende Aluminiumgehalt bei den Probekörpern aus VL als auch bei denen aus PM7 im Mittel bei 6,8 Gew% liegt und damit etwas über dem Wechselbereich von TWIP zu Slip bei einer SFE von 50 mJ/m² [All04; Fro03; Par10; Twa13]. Somit können lokale Schwankungen im Aluminiumgehalt dazu führen, dass, je nach Aluminiumgehalt, der dominierende Verformungsmechanismus wechselt. Das heißt, dass bei den Probekörpern aus VL durch das gleichmäßig verteilte Aluminium und den kleineren Körnern vorwiegend Slip eintritt und bei den Probekörpern aus PM7 in den aluminiumarmen Bereichen zusätzlich TWIP bei der Verformung einsetzt. Als Nachweis der stärkeren Aluminiumschwankungen in den Phasen bei Pulvermischungen ist in Abbildung 8.6 ein Linienscan des Aluminiumgehaltes der kfz- und krz-Phase bei einer Messung eines Probekörpers aus PM5 dargestellt.

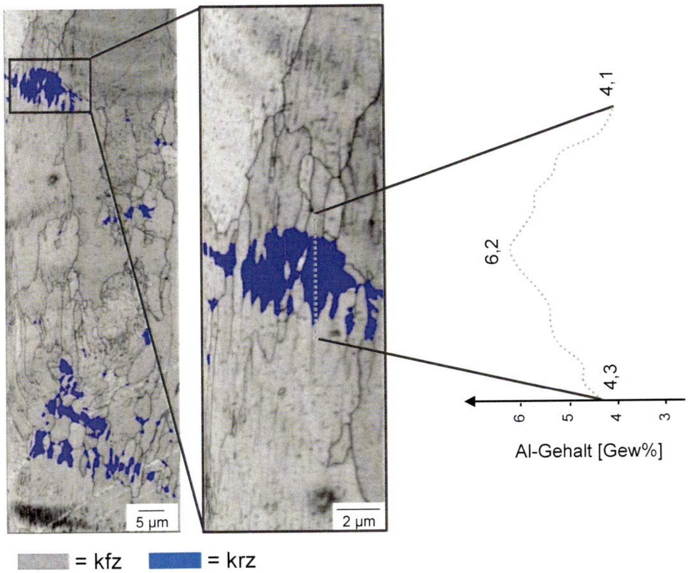

Abbildung 8.6: EDX-Linienscan der chemischen Zusammensetzung der Phasen exemplarisch an einem Probekörper aus PM5 hergestellt mit dem StdP

Die kfz-Phase zeigt ca. 4,2 Gew% Aluminiumgehalt und die krz-Phase ca. 6,2 Gew% Aluminiumgehalt. Bei einer angenommenen linear skalierten Übertragung auf die Probekörper aus PM7 würde das bedeuten, dass der Aluminiumgehalt in der kfz-Phase bei ca. 5–6 Gew% Aluminium liegt und in der krz-Phase bei ca. 8–9 Gew% Aluminium. Damit haben die kfz-Bereiche eine SFE von ca. 40 mJ/m² und sollten deshalb überwiegend den Verformungsmechanismus TWIP aufweisen (s. Abbildung 8.5). Durch die höhere Verfestigung bei TWIP wird die Bruchdehnung positiv beeinflusst. Ein Hinweis darauf ist, dass die Bruchdehnung bei den Zugproben hergestellt in 0° und 45° Aufbaurichtung aus PM7 um 5–10 Prozent größer ist (s. Abbildung 8.2). Dass TWIP bei der hier verarbeiteten Zusammensetzung auftritt, kann dem Anstieg der Bruchdehnung bei den Probekörpern in 90° Aufbaurichtung aus VL als auch bei denen aus PM7 entnommen werden. Das ist bei Stählen nicht typisch für den LPBF-Prozess [Sun21] und ein Anzeichen für zusätzlich einsetzende Verformungsmechanismen. Ähnliches wird von Haase et al. in [Haa17a] bei mittels LPBF verarbeiteten HMnS beobachtet. TWIP wird sowohl durch die Kornorientierung als auch die effektive Kornlänge in Verformungsrichtung positiv beeinflusst. Nach dem Modell von Byun [Byu03] ist die kritische Spannung, bei der die Zwillingsbildung (TWIP) beginnt, abhängig von der Orientierung und Länge des Burgersvektors und der SFE. Somit wird bei den Zugproben in 90°Aufbaurichtung durch die im Mittel doppelt so langen Körner (s. Tabelle 7.2) und damit des längeren Burgersvektors die kritische Spannung des Starts der Zwillingsbildung heruntergesetzt. Widersprüchlich ist, dass TWIP zudem bevorzugt in die Richtung der Kornorientierung abläuft [Haa17a]. Typischerweise ist die Kornorientierung durch den schichtweisen Aufbau in Aufbaurichtung, das heißt in Richtung des Energieeintrags [Sch21a]. Allerdings ist in den EBSD-Mappings der Kornorientierung zu sehen, dass die Erstarrung der Körner bei PM7 willkürlich ist, was dazu führt, dass die resultierende Bruchdehnung negativ beeinflusst wird. Anscheinend ist dieser Effekt aber im Vergleich zu dem Effekt des größeren Burgersvektors geringer.

VL und PM7 weisen nach der Verarbeitung ähnliche mechanische Eigenschaften auf, jedoch bestehen Unterschiede in Streckgrenze, Zugfestigkeit und Bruchdehnung. Die kleinere Korngröße in den Probekörpern aus VL führt zu einer höheren Streckgrenze und Zugfestigkeit als bei den Probekörpern aus PM7. Dagegen führt wahrscheinlich der lokal auftretende TWIP-Effekt in den Probekörpern aus PM7 zu einer höheren Bruchdehnung als bei den Probekörpern aus VL.

8.4 Zwischenfazit

In diesem Kapitel werden die mechanischen Eigenschaften von Probekörpern aus VL und PM7 anhand von Zugversuchen bestimmt und miteinander verglichen. Dafür werden jeweils Zugproben in den Aufbaurichtungen 0°, 45° und 90° betrachtet. Daraus können die folgenden Schlussfolgerungen gezogen werden:

- Bei den Spannungs-Dehnungs-Kurven aller untersuchten Probekörper werden keine Ausreißer festgestellt. Daher ist davon auszugehen, dass mit den in dieser Arbeit untersuchten Pulvermischungen reproduzierbar Bauteile hergestellt werden können.
- Das Verformungsverhalten der Probekörper aus VL und PM7 ist ähnlich. Grundsätzlich treten wahrscheinlich die gleichen Verformungsmechanismen auf und ähnliche mechanische Eigenschaften werden erreicht.
- Bei den Probekörpern aus VL werden höhere Streckgrenzen und Zugfestigkeiten erreicht als bei denen aus PM7. Das ist auf die feinere Mikrostruktur zurückzuführen. Die kleineren Körner in den Probekörpern aus VL führen zu einer Erhöhung des Versetzungswiderstandes und damit zu einem Anstieg der Streckgrenze und Zugfestigkeit.
- Dagegen wird bei den Probekörpern aus PM7 im Mittel eine höhere Bruchdehnung erreicht. Dafür ist vermutlich der zusätzlich lokal auftretende Verformungsmechanismus TWIP verantwortlich. Dadurch, dass Aluminium in den Schmelzbadrändern seigert, wird der Aluminiumgehalt in der Schmelzbadmitte reduziert, was lokal zu einer Reduzierung der SFE führt. Das begünstigt das Eintreten von TWIP. Ein Indiz dafür ist die größere Verfestigung bei den Probekörpern in 0° und 45° Aufbaurichtung.

Die in diesem Kapitel festgestellten Unterschiede der resultierenden mechanischen Eigenschaften der Probekörper aus vorlegiertem Pulver und der Pulvermischung sind auf die Unterschiede in der Gefügestruktur und damit auf die ungleichmäßigere Verteilung des Aluminiums im Gefüge zurückzuführen. Grundsätzlich sind die erreichten mechanischen Eigenschaften in den Probekörpern aus der Pulvermischung ähnlich denen der Probekörper aus vorlegiertem Pulver und reproduzierbar. Daraus geht hervor, dass Pulvermischungen im LPBF verwendet werden können und mittels diesen unter Beachtung der festgestellten Herausforderungen ähnliche mech. Eigenschaften erreicht werden können.

9 Kritische Betrachtung der Verwendung von trockengemischten Pulvern im LPBF

Aus der Literatur und den in dieser Arbeit festgestellten Herausforderungen bei der Verarbeitung von Pulvermischungen und den Unterschieden zwischen der Verarbeitung von vorlegierten Pulvern und Pulvermischungen resultieren verschiedene Erkenntnisse, die bei der Verarbeitung von trockengemischten Pulvern beachtet werden müssen. Im Folgenden werden die identifizierten Herausforderungen und Erkenntnisse aufgezeigt, dafür Lösungsansätze gegeben und diese bewertet.

Das übergeordnete Ziel bei der Verwendung von trockengemischten Pulvern ist die Möglichkeit, schnell und flexibel die chemische Zusammensetzung zu variieren und nach der Verarbeitung ähnliche Eigenschaften wie bei der Verarbeitung von vorlegierten Pulvern zu erreichen. Im Wesentlichen können drei Effekte dafür verantwortlich sein, dass die Eigenschaften nach der Verarbeitung von Pulvermischungen von denen vorlegierter Pulver abweichen. Diese werden im Folgenden erläutert und dafür Lösungsansätze vorgestellt.

Entmischung der Pulver vor der Verarbeitung

In der Literatur sind bisher keine Untersuchungen zur Entmischung von trockengemischten Pulvern vor der Verarbeitung durchgeführt worden. In dieser Arbeit wird erstmals gezeigt, dass zum einen eine Entmischung während des Pulverbeschichtungsvorgangs und zum anderen eine Entmischung durch die Schutzgasströmung bei trockengemischten Pulvern eintritt. Gründe für die Entmischung sind hauptsächlich die Unterschiede der Pulver hinsichtlich der Materialdichte und PSD. Diese Entmischungen führen zu einer ungleichmäßigen Verteilung der Pulver auf der Bauplattform und zu einem relativen Verlust von Pulveranteilen. Um diesem entgegenzuwirken, gibt es verschiedene Ansätze und Ideen, die teils aus der Literatur abgeleitet sind und teils auf Basis der Erkenntnisse aus dieser Arbeit resultieren. Knieps et. al. [Kni21] zeigten bereits, dass durch eine Anpassung der Pulvereigenschaften eine Verbesserung der Durchmischung der Legierungselemente nach der Verarbeitung eintritt, und führen dies teils auf eine Reduzierung der Entmischungen zurück. Im Folgenden in Tabelle 9.1 werden dazu Lösungsansätze vorgestellt.

Tabelle 9.1: Lösungsansätze zur Vermeidung von Entmischungen der Pulver durch den Pulverbeschichtungsprozess und die Schutzgasströmung

Lösungsansatz	Wirkprinzip	Nachteil
Anpassung der PSDs der verwendeten Pulver in der Pulvermischung	• Entmischungseffekte bei der Beschichtung aufgrund von Materialdichteunterschieden können reduziert werden, indem die Pulver mit der größeren Materialdichte entsprechend in einer kleineren PSD ausgeführt werden	• Leichtere (kleinere) Partikel werden eher von der Schutzgasströmung mitgerissen • Für jede Pulvermischung müssen entsprechend die PSDs bestimmt werden • Kein Baukastensystem möglich • Verschlechterung der Fließfähigkeit bei zu großem Anteil an kleinen Partikeln
Verwendung von vorlegierten Pulvern in der Pulvermischung	• Der Materialdichteunterschied kann reduziert werden und damit der Entmischungseffekt verkleinert sowohl bei der Beschichtung als auch bei der Entmischung durch die Schutzgasführung	• Vorlegiertes Pulver muss in den benötigten chemischen Zusammensetzungen sonderverdüst werden

Instabiler Prozess aufgrund einer Verfahrensparameteranpassung

Sowohl in der Literatur (s. Tabelle 17.1) als auch in dieser Arbeit wird festgestellt, dass der benötigte Energieeintrag zur Herstellung von Probekörpern mit rel. Dichten >99,5 % höher ist als bei vorlegierten Pulvern gleicher chemischer Endzusammensetzung. Gründe hierfür sind die Pulvereigenschaften (bspw. Absorption) und die für den Mischungsprozesse innerhalb der Schmelze zusätzlich notwendige Energie. Das bedeutet für die Verarbeitung von Pulvermischungen, dass abhängig von den verwendeten Pulvern der Energieeintrag anzupassen ist, was zu einem instabilen LPBF-Prozess führen kann. Eine besondere Herausforderung stellen Pulvermischungen mit Pulvern dar, bei denen die Schmelztemperaturen der Pulver einige 100 °C voneinander abweichen. Die Herausforderung hierbei liegt darin, dass die höher schmelzenden Pulver/Elemente gerade erst aufschmelzen, wenn die niedrig schmelzenden Pulver/Elemente schon verdampfen. Bei einer Erhöhung der eingebrachten Volumenenergie würde der LPBF-Prozess instabil werden. Oft verbleiben höherschmelzende Pulverpartikel unaufgeschmolzen in der Matrix zurück [Vor15; Tar20; Dzo20]. Lösungsansätze dafür werden in Tabelle 9.2 gegeben.

Tabelle 9.2: Lösungsansätze zur Reduzierung der benötigten Umschmelzenergie zur Herstellung von Probekörpern mit einer rel. Dichte >99,5 % aus Pulvermischungen

Lösungsansatz	Wirkprinzip	Nachteil
Anpassung der PSDs der verwendeten Pulver in der Pulvermischung	• Wenn die höherschmelzenden Pulver eine kleinere PSD aufweisen, muss lokal weniger Energie zum Aufschmelzen aufgebracht werden	• Kleinere Partikel mit ausgeprägter Oxidschicht bringen verstärkt Sauerstoff in den Prozess, was einen Einfluss auf die Verfahrensparameter haben kann
Verwendung von vorlegierten Pulvern in der Pulvermischung	• Annäherung der Schmelzpunkte der Pulver, um die Verfahrensparameter der jeweiligen Pulver anzunähern • Ggf. können höherschmelzende Oxidschichten vermieden werden; das ist für die jeweilige Legierung zu bewerten	• Ggf. können höherschmelzende Oxidschichten auftreten. Das ist für die jeweilige Legierung zu bewerten

Ungleichmäßige Verteilung der Elemente nach dem Umschmelzvorgang

In der Literatur (s. Tabelle 17.1) und den Ergebnissen in dieser Arbeit wird gezeigt, dass zusätzlich zu der Entmischung der Pulverpartikel vor dem Aufschmelzen auch eine Entmischung der Elemente innerhalb der Schmelze abläuft, bzw. eine nicht gleichmäßige Durchmischung der Elemente eintritt. Dafür wird wahrscheinlich hauptsächlich die nicht ausreichende Schmelzbadgröße und die nicht ausreichende Zeit in der schmelzflüssigen Phase verantwortlich sein [Dzo20; Ewa19b]. Zudem führen Unterschiede der Materialeigenschaften der Pulverkomponenten zu einer erschwerten Durchmischung, da Effekte wie das Banding und ein Aufschwimmen von leichteren Elementen am Schmelzbadrand die Durchmischung behindern [Köh20]. In Tabelle 9.3 werden Lösungsansätze inkl. der Effekte und Herausforderungen, die daraus resultieren, aufgelistet.

Tabelle 9.3: Lösungsansätze zur Verbesserung der Verteilung der Elemente innerhalb der Schmelze

Lösungsansatz	Wirkprinzip	Nachteil
Erhöhung der eingebrachten Volumenenergiedichte durch eine Anpassung der Verfahrensparameter	• Reduzierung der Abkühlgeschwindigkeit durch eine Vergrößerung des Schmelzbades • Erhöhung der Zeit, in der das Schmelzbad aufrechterhalten wird, damit die Elemente genügend Zeit haben, gleichmäßig in Lösung zu gehen	• Kann zu einem instabilen Prozess führen • Niedrigschmelzende Elemente verdampfen verstärkt
Anpassung der PSDs der verwendeten Pulver in der Pulvermischung	• Kleinere Partikel benötigen weniger Zeit, in Legierung zu gehen bzw. aufzuschmelzen • Kleinere Partikel führen zu geringeren Schwankungen in der lokalen chemischen Zusammensetzung	• Kleinere Partikel mit ausgeprägter Oxidschicht bringen verstärkt Sauerstoff in den Prozess, was zu Defekten führen kann, die wiederum zu einer ungleichmäßigen Durchmischung der Elemente führen
Verwendung von vorlegierten Pulvern in der Pulvermischung	• Lokale chemische Schwankungen werden verringert • Materialdichteunterschiede werden verkleinert und damit Effekte wie Banding und das Aufschwimmen der leichteren Elemente in der Schmelze reduziert bzw. vermieden	• Ggf. können mehr Oxidschichten hervorgerufen werden, die verstärkt Sauerstoff in den Prozess bringen, was zu Defekten führen kann; diese wiederum bewirken eine ungleichmäßige Durchmischung der Elemente.

10 Anwendungserprobung an dünnwandigen Strukturen

Nachdem in den vorangegangenen Kapiteln die Pulvermischungen an geometrisch einfachen Probekörpern grundlegend untersucht werden, folgt in diesem Kapitel eine Anwendungserprobung von Pulvermischungen zur Herstellung von komplexen Geometrien. Eine besondere Herausforderung stellt die Fertigung von Gitterstrukturen mit einem möglichst geringen Gitterstrebendurchmesser im LPBF-Prozess dar. Gitterstrukturen bieten aufgrund des hervorragenden Steifigkeits- zu Massenverhältnisses großes Potential im Leichtbau. In Kombination mit dem in dieser Arbeit verwendeten Legierungssystem, das ein im Vergleich zu konventionellen Stählen 3–4x höheres Festigkeits- zu Dehnungsverhältnis aufweist [Got14], könnten somit Bauteile mit im Vergleich zum Stand der Technik verbesserten Energieabsorptionsvermögen hergestellt werden. Eine mögliche Anwendung sind Energieabsorber, die zur Energieabsorption von Aufprallenergie in der Automobilindustrie verwendet werden. Deswegen wird in dieser Arbeit als Demonstratorbauteil eine periodische Gitterstruktur mit einem Strebendurchmesser von 500 µm hergestellt, da somit das Potential der verwendeten Legierung in Kombination mit Gitterstrukturen und gleichzeitig die Pulvermischungen an dünnwandigen komplexen Strukturen getestet werden können.

Für die Untersuchung der Eigenschaften werden periodische Gitterstrukturproben der Form $F_{2cc,z}$ mit den Abmaßen 15x15x42 mm³ aus PM5 gefertigt und mit Probekörpern aus vorlegierten 1.4404- und X30Mn22-Pulvern verglichen. Als Vergleichsmaterial wird 1.4404 verwendet, da dies der zur Zeit meistverwendete Stahl im LPBF ist [Woh21, S. 129]. Die Zellweite wird auf 3 mm festgelegt und als Strebendurchmesser wird 500 µm gewählt. Damit besteht jede Gitterstrukturprobe aus 5x5x14 Zellen. Die Herstellung der Gitterstrukturproben erfolgt auf einer EOS M270 mit aus der Literatur bekannten Verfahrensparametern [Köh20; Ewa19a; Kie18]. Anschließend werden Druckversuche, Querschliffe, EDX-Linienscans und EBSD-Messungen an den Probekörpern durchgeführt, um die resultierenden Eigenschaften zu untersuchen.

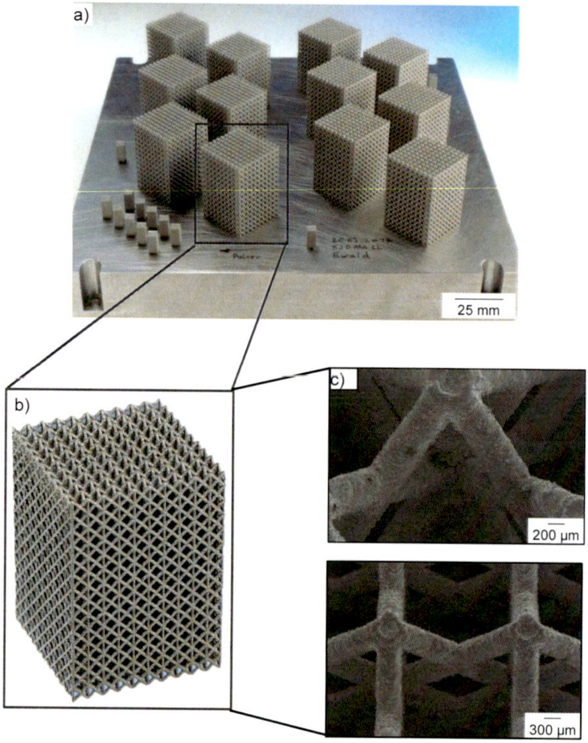

Abbildung 10.1: a) Foto der Gitterstrukturproben hergestellt aus PM5 mit dem StdP, b) Detailaufnahme einer Gitterstrukturprobe, c) REM-Aufnahmen einzelner Gitterstreben und Knotenpunkte

In Abbildung 10.1 sind die hergestellten periodischen Gitterstrukturen aus PM5 abgebildet. In a) ist ein Foto der Bauplattform mit den hergestellten Gitterstrukturen dargestellt, zusätzlich ist in b) eine Detailaufnahme eines Probekörpers und in c) sind zwei REM-Aufnahmen der verwendeten $F_{2cc,z}$ Einheitszelle abgebildet. Zu sehen ist, dass die Probekörper ohne Fehler und mit wenigen Ansinterungen hergestellt worden sind. Zudem ergibt die Vermessung der Gitterstrebendurchmesser (s. Abbildung 17.7), dass diese reproduzierbar einen Durchmesser von 500 µm aufweisen und somit die gewünschte relative Dichte der Probekörper eingestellt werden kann. Im Folgenden wird in Abbildung 10.2 eine EBSD-Messung in Kombination mit einem EDX-Linienscan dargestellt, um die chemische Verteilung und die daraus resultierende Phasenverteilung zu untersuchen, woraus beurteilt werden kann, ob eine gleichmäßige Verteilung der Elemente bei dünnwandigen Strukturen erzielbar ist.

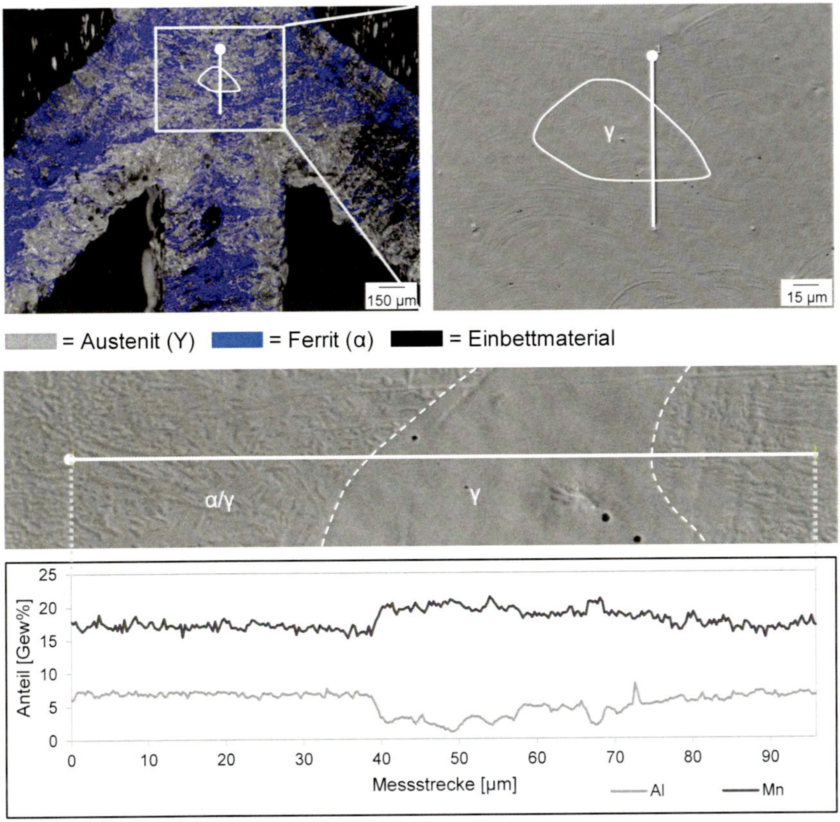

Abbildung 10.2: EBSD-Mapping der Phasen oben links, ein REM-Bild oben rechts und EDX-Linienscan unten zur Untersuchung der chemischen Zusammensetzung der Phasen bei den hergestellten Gitterstrukturproben aus PM5

In Abbildung 10.2 ist zu sehen, dass wie bei den in der Arbeit untersuchten Vollmaterialprobekörpern aus PM5 ein Duplexgefüge aus kfz- und krz-Phasen ausgebildet wird. Wie zu erwarten und damit ähnlich zu den Vollmaterialprobekörpern, weist die krz-Phase einen höheren Aluminiumanteil auf als die kfz-Phase. Der hohe Anteil von 7–8 Gew% Aluminium lässt vermuten, dass wie bei den Vollmaterialprobekörpern die Phasen aus der Schmelze heraus entstehen und nicht durch Festkörperumwandlung einer metastabilen kfz-Phase (s. Kapitel 7.2). Somit ist das Verhalten der Gitterstrukturproben aus PM5 ähnlich dem der Vollmaterialproben. Das ist an dem ähnlichen Seigerungsverhalten des Aluminiums in den Schmelzbadrändern erkennbar. Trotzdem ist das Aluminium gleichmäßig in der Probe verteilt und keine unaufgeschmolzenen Aluminiumpartikel bzw. stärker mit Aluminium angereicherte Bereiche werden gefunden. Als Nächstes werden in Abbildung 10.3 die mechanischen Eigenschaften aus den Kompressionsversuchen sowie das Verformungsverhalten der Gitterstrukturproben abgebildet. Die Kompressionsversuche werden nach der DIN EN ISO 50134:2008 für zellulare Materialien mit einer Gesamtporosität > 50 % durchgeführt.

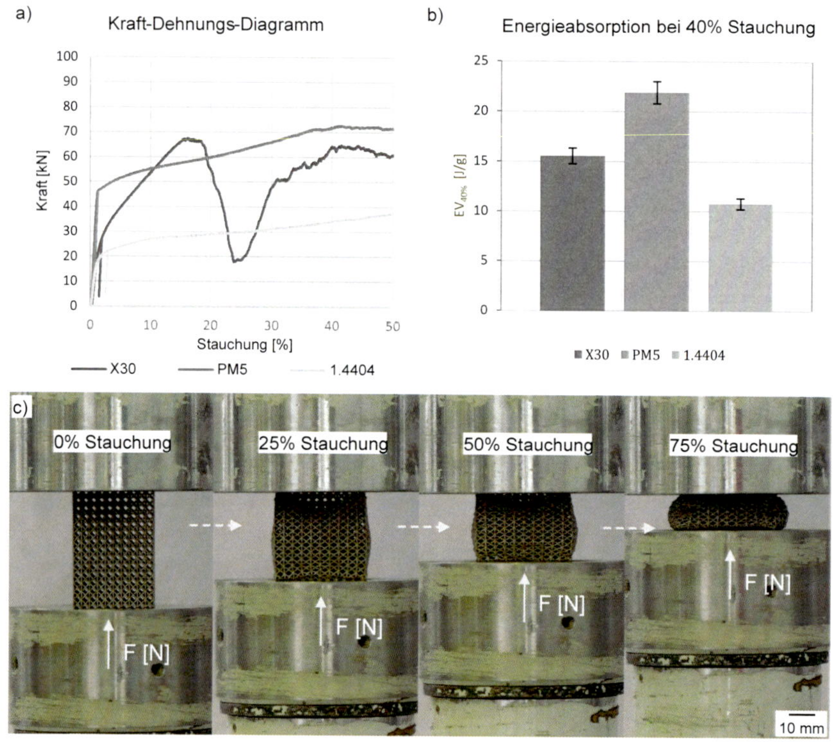

Abbildung 10.3: Mechanische Eigenschaften und das Verformungsverhalten von Gitterstrukturen aus X30, PM5 und 1.4404 a) Kraft-Stauchungs-Diagramm, b) Energieabsorption bei 40 % Stauchung (Balkendiagramm) und c) Fotos des Kompressionsversuchs an Probekörpern aus PM5 zur Darstellung des Verformungsverhaltens

In Abbildung 10.3 a) ist exemplarisch der Verlauf der Kraft-Dehnungs-Kurve, in Abbildung 10.3 b) die gemittelten Werte der Energieabsorption bei 40 % Stauchung und in Abbildung 10.3 c) das Verformungsverhalten dargestellt. Zu erkennen ist, dass im Vergleich zu den X30 Probekörpern ein Anstieg der Energieabsorption um 50 % und im Vergleich zu 1.4404 ein Anstieg um 100 % bei den Probekörpern aus PM5 erreicht wird. Außerdem werden keine Ausreißer durch Prozessfehler bei der Herstellung festgestellt und die Bilder des Kompressionsversuchs zeigen ein gleichmäßiges Verformungsverhalten der Gitterstrukturprobe ohne willkürlich brechende Streben und Ungleichmäßigkeiten. Des Weiteren wird das Verformungsverhalten der Gitterstrukturproben durch die Hinzugabe von 5 Gew% Aluminium beeinflusst. Das ist an den Verläufen der Graphen von X30 und PM5 zu sehen, die grundsätzlich verschieden sind. Die Gitterstrukturproben aus X30 weisen eine größere Verfestigung bis ca. 15 % Stauchung auf. Danach brechen die Streben spröde. Das ist an dem Einbruch der Kraft von 15–25 % Stauchung zu erkennen und mit dem Einsetzen von TRIP zu erklären (s. Kapitel 2.2 und Abbildung 8.5). Dagegen ist der Verlauf der Kraft über die Stauchung bei dem Graph der Gitterstrukturproben aus PM5 gleichmäßig steigend, was auf ein duktileres Verhalten hinweist und somit auf den zu erwartenden Wechsel des dominierenden Verformungsmechanismus. Bei ca. 5 Gew% Aluminium müsste dieser TWIP und/oder SLIP sein (s. Kapitel 2.2 und Abbildung 8.5). Somit kann nachgewiesen werden, dass mittels Pulvermischungen dünnwandige Strukturen reproduzierbar herstellbar sind, wobei das bereits festgestellte Seigerungsverhalten von Aluminium dem von Vollmaterialproben entspricht.

11 Zusammenfassung und Ausblick

11.1 Zusammenfassung

In der Wissenschaft und Technik werden immer öfter Pulvermischungen im LPBF-Prozess verwendet, da durch deren Verwendung die zeit- und kostenintensive Sonderverdüsung von Pulvern umgangen werden kann. Insbesondere werden Pulvermischungen dafür eingesetzt, neue Legierungssysteme hinsichtlich der erzielbaren Eigenschaften nach der Verarbeitung zu testen. Zudem weisen Pulvermischungen ein hohes Potential zur flexiblen Anpassung der chemischen Zusammensetzung und zum Ausgleich prozessbedingter Verluste von Elementen auf und bieten die Möglichkeit, anwendungsbezogen die Eigenschaften in-situ anzupassen. Allerdings werden in der Literatur hinsichtlich der Verarbeitbarkeit und daraus resultierender Eigenschaften einige Herausforderungen aufgezeigt. Insbesondere werden Entmischungen der Elemente im Schmelzbad festgestellt, wofür bereits erste Lösungsansätze in der Literatur genannt werden. Untersuchungen in Bezug auf die grundlegenden Unterschiede bei der Verarbeitung von Pulvermischungen im Vergleich zu vorlegierten Pulvern sind nicht bekannt.

Trotz der Herausforderungen und gerade wegen der aufgezeigten Potentiale wird in der vorliegenden Arbeit erstmals die Verarbeitbarkeit von Pulvermischungen im Vergleich zu vorlegierten Pulvern angefangen von der Pulvermischung und der Pulverbeschichtung bis hin zu den resultierenden Eigenschaften im LPBF-Prozess untersucht. Als Beispiellegierung wird der HMnS X30Mn22 mit 5–7 Gew% Aluminium verwendet. Experimentell werden das Verhalten bei der Verarbeitung, die Werkstoffchemie, die Mikrostruktur und die mechanischen Eigenschaften bei aus Pulvermischungen und vorlegiertem Pulver hergestellten Probekörpern untersucht und anschließend miteinander verglichen. Vorab wird eine ausführliche Pulveranalyse aller Pulver und Pulvermischungen durchgeführt, um die Ausgangschemie vor und nach der Verarbeitung zu bestimmen. Zudem werden Versuche zu Prozesseinflüssen, wie der Pulverbeschichtung und Schutzgasströmung, durchgeführt. Hinsichtlich des Prozessverhaltens werden in Abhängigkeit von den Verfahrensparametern die rel. Dichte und das Schmelzbad vermessen. Im Anschluss wird die chemische Zusammensetzung nach der Verarbeitung in Abhängigkeit von den Verfahrensparametern betrachtet und verglichen. Darauf folgt der Vergleich der Mikrostruktur und der lokalen Verteilung der Elemente innerhalb der Probekörper. Abschließend werden die mechanischen Eigenschaften anhand von Zugversuchen ermittelt und miteinander verglichen. Entsprechend der Forschungsfrage werden im Folgenden die Ergebnisse der vier Schwerpunkte Verarbeitung, Werkstoffchemie, Mikrostruktur und mechanische Eigenschaften zusammengefasst.

Verarbeitung

Die in dieser Arbeit untersuchten Pulvermischungen weisen hinsichtlich der Verarbeitung einige Unterschiede auf. Hinzugemischte Pulver haben einen Einfluss auf die Pulvereigenschaften des zu verarbeitenden Pulvers, was eine Auswirkung auf die

Verarbeitung hat. Das elementare Aluminium führt zu einer um 5 % geringeren Absorption bei einer Wellenlänge von 1070 nm im Vergleich zum vorlegierten Pulver. Das hat bei der hier verwendeten Pulvermischung keine nachweislichen Auswirkungen auf den benötigten Energieeintrag, da die Menge an hinzugemischtem Aluminium im Vergleich zum Matrixpulver gering ist. Des Weiteren bewirkt die Hinzugabe von reinem Aluminium eine Verschiebung des Verfahrensparameterfensters. Bei X30Mn22 + 7 Gew% Aluminium wird ca. 15 J/mm³ mehr Volumenenergie bei den in dieser Arbeit angewendeten Verfahrensparametern zur Herstellung von Probekörpern mit einer rel. Dichte > 99,5 % benötigt als bei dem vorlegierten Pulver. Der Grund hierfür ist vermutlich neben der zusätzlich benötigten Energie für Homogenisierungsprozesse die zusätzlich benötigte Energie beim Aufschmelzen der Oxidschicht der elementaren Aluminiumpartikel.

Werkstoffchemie

Die resultierende chemische Zusammensetzung wird in den Probekörpern durch den Umschmelzvorgang durch Effekte wie die Verdampfung von Elementen während des Umschmelzvorgangs beeinflusst. Das ist aus der Literatur bei vorlegierten Pulvern bekannt und wird in dieser Arbeit validiert. Bei der hier vorliegenden Legierung wird hauptsächlich Mangan (ca. 2–3 Gew%) verdampft, da Mangan die niedrigste Verdampfungstemperatur mit 1962 °C von allen Elementen (Eisen mit 2750 °C und Aluminium mit 2467 °C) der untersuchten Legierung aufweist. Zudem wird festgestellt, dass der Aluminiumgehalt allein in den Probekörpern aus den Pulvermischungen geringer ist als im Pulver. Bei Probekörpern aus dem vorlegierten Pulver ist das nicht der Fall. Eine Verdampfung des Aluminiums kann ausgeschlossen werden, da keine Abhängigkeit des Aluminiumgehaltes von den Verfahrensparametern festgestellt werden kann. Der Aluminiumverlust bei den Pulvermischungen wird auf Entmischungsprozesse während der Pulverbeschichtung und auf die Schutzgasströmung zurückgeführt, die zudem eine ungleichmäßige Verteilung des Aluminiums auf der Bauplattform bewirken. Der Aluminiumgehalt steigt in Richtung der Schutzgasführung und sinkt in Richtung der Beschichtung, da durch die Schutzgasführung eher die leichteren Aluminiumpartikel mitgerissen werden als die schwereren Stahlpartikel und die Aluminiumpartikel während der Beschichtung im Pulverberg vor dem Beschichter aufschwimmen und in den Pulverüberlauf abgeführt werden. Die rel. Differenz des Aluminiumgehaltes zwischen vor und nach der Bearbeitung liegt bei 15–20 %. Zudem seigert Aluminium bei den Pulvermischungen im Schmelzbadrand aufgrund der Unterschiede der Materialdichten und durch Banding. Das ist bei dem vorlegierten Pulver nicht in den Ergebnissen zu sehen. Die Ergebnisse und Literatur zeigen hier, dass die Durchmischung mit steigender Volumenenergiedichte und damit mit Vergrößerung des Schmelzbades verbessert werden kann.

Mikrostruktur

Die Phasenanteile in den Probekörpern aus VL und PM7 sind ähnlich (je ca. 70 % kfz und 30 % krz), weshalb von einer ähnlichen Erstarrung bei Pulvermischungen im Vergleich zu vorlegierten Pulvern bei der hier verarbeiteten Legierung ausgegangen werden kann. Allerdings ist die Phasenverteilung durch die Entmischungen innerhalb der Schmelzbäder bei den Probekörpern aus der Pulvermischung ungleichmäßiger als bei den Probekörpern aus vorlegiertem Pulver. Die mit 8–9 Gew% Aluminium angereicherten Randbereiche der Schmelzbäder bei den Probekörpern aus den Pulvermischungen erstarren vorwiegend krz, wohingegen die inneren Bereiche der Schmelzbäder mit 4–5 Gew% Aluminium vorwiegend kfz erstarren. Das führt dazu, dass bei den Pulvermischungen eine ungleichmäßigere Verteilung der Phasen zu beobachten ist als bei den Probekörpern aus vorlegiertem Pulver. Der Hauptgrund dafür ist, dass bei den Probekörpern aus vorlegierten Pulvern die krz-Phase vorwiegend aus einer metastabilen kfz-Phase aufgrund einer Festkörperumwandlung entsteht. Dagegen werden bei den Probekörpern aus den Pulvermischungen die Phasen direkt aus der Flüssigphase gebildet und es findet keine Festkörperumwandlung statt. Der Nachweis für die Festkörperumwandlung bei den Probekörpern aus dem vorlegierten Pulver ist die starke Textur und Orientierungsabhängigkeit zwischen kfz- und krz-Phase. Das erklärt auch die in Aufbaurichtung orientierte Erstarrung bei den Probekörpern aus vorlegiertem Pulver, wohingegen bei den Probekörpern aus den Pulvermischungen keine klare Orientierung der Körner erkennbar ist.

Mechanische Eigenschaften

Die Auswertung der mechanischen Eigenschaften zeigt, dass diese bei vorlegiertem Pulver und Pulvermischung ähnlich sind (R_m > 800 MPa bei 20–30 % Bruchdehnung). Aufgrund des feineren Gefüges liegen die Streckgrenze und Zugfestigkeit bei vorlegiertem Pulver um 100–200 MPa über denen der Pulvermischung. Dagegen ist die Bruchdehnung bei der hier untersuchten Legierung um ca. 5 % höher bei den Probekörpern aus der Pulvermischung. Der Grund hierfür sind wahrscheinlich zusätzlich lokal ablaufende Verformungsmechanismen (TWIP), welche die Gesamtbruchdehnung beeinflussen. Die Unterschiede sind wiederum auf die lokalen chemischen Unterschiede zurückzuführen und können somit vermieden bzw. reduziert werden, indem eine höhere Durchmischung der Elemente erreicht wird.

Abschließend kann gesagt werden, dass die hier untersuchte Pulvermischung mittels LPBF verarbeitet werden kann und ein ähnliches Verhalten hinsichtlich der Verarbeitung und Mikrostruktur aufweist. Zudem liegen die mechanischen Eigenschaften in ähnlichen Bereichen wie bei dem vorlegierten Pulver. Allerdings muss dabei insbesondere auf die lokale Durchmischung geachtet werden, da durch verschiedenste Eigenschaften und daraus resultierende Effekte des elementar vorliegenden Aluminiums die Durchmischung in der Schmelze behindert bzw. erschwert wird, die schlussendlich einen Einfluss auf die erreichbaren Eigenschaften der Probekörper aus der Pulvermischung hat. Entmischungen treten beim Handling und während der Verarbeitung auf, welche die Verwendung von trockengemischten Pulvern erschweren und dadurch die Reproduzierbarkeit nur unter größerem Aufwand gewährleistet werden kann.

11.2 Ausblick

In dieser Arbeit wird gezeigt, dass die hier untersuchten Pulvermischungen verarbeitbar sind und damit ähnliche Eigenschaften in den Probekörpern erreicht werden können wie mit vorlegiertem Pulver. Jedoch müssen einige Untersuchungen folgen, um tatsächlich Pulvermischungen als Basismaterial im LPBF nutzbar zu machen und Pulvermischungen reproduzierbar verarbeiten zu können.

Der Pulvermischprozess an sich ist bisher nur wenig untersucht worden. In dieser Arbeit erfolgt das Trockenmischen mittels Taumelmischer, da dies in der Literatur als am häufigsten verwendete Mischmethode identifiziert wird. Wirklich untersucht wird die Durchmischung nach dem Mischprozess nicht. Zudem sollten noch andere Mischprozesse (z. B. mechanisches Mischen, Satellitenmischen etc.) in Betracht gezogen und hinsichtlich der Verwendung für LPBF-Pulver analysiert werden. Mischmethoden, bei denen die zu mischenden Pulver über Bindungsmechanismen miteinander verbunden werden, könnten nachgelagerte Entmischungen reduzieren bzw. verhindern.

Als Nächstes sollte der Pulverbeschichtungsprozess im LPBF-Verfahren genauer betrachtet werden. In den Ergebnissen dieser Arbeit wird gezeigt, dass Entmischungsprozesse stattfinden. Diese werden nicht weiter untersucht und sollten tiefer analysiert werden. Z. B. könnten diese Entmischungen durch eine gezielte Anpassung der PSDs der verschiedenen Pulverkomponenten reduziert oder sogar vermieden werden. Dieser Effekt wird insbesondere bei Pulvermischungen aus mehr als zwei Pulverkomponenten interessant.

Außerdem sollte der Prozess der Legierungsbildung während des Umschmelzvorgangs weiter untersucht werden. Bisher ist bekannt, dass die Pulver eine Legierung eingehen und die Durchmischung abhängig von der eingebrachten Volumenenergiedichte ist. Hier sollte untersucht werden, welche Mechanismen genau für die Legierungsbildung verantwortlich sind und wie diese für eine Verbesserung der Durchmischung genutzt werden können. Bekannt ist z. B., dass die Durchmischung erhöht wird, wenn die Pulverpartikel des hinzugemischten Pulvers kleiner als die des Matrixpulvers sind. Des Weiteren könnte die Verwendung von bereits vorlegierten Pulvern als Pulverkomponenten in einer Pulvermischung zu einer Verbesserung der Durchmischung nach der Verarbeitung führen, da so die Materialunterschiede reduziert und somit Seigerungseffekte ggf. vermieden werden können.

Alle Untersuchungen in dieser Arbeit sollten auf andere Legierungssysteme übertragen werden, damit eine allgemeine Handlungsempfehlung für die Verwendung von Pulvermischungen erstellt werden kann. Dafür müssen zudem auch Pulvermischungen aus mehr als zwei Komponenten betrachtet werden, die eine neue Herausforderung darstellen und nur bedingt mit dem in dieser Arbeit untersuchten binären System vergleichbar sind.

12 Literaturverzeichnis

[Ack21] Ackers, M. A.; Messé, O.; Hecht, U.: Novel approach of alloy design and selection for additive manufacturing towards targeted applications. In: Journal of Alloys and Compounds, 866. Jg., 2021, S. 158965.

[All04] Allain, S.; Chateau, J.-P.; Bouaziz, O.; Migot, S.; Guelton, N.: Correlations between the calculated stacking fault energy and the plasticity mechanisms in Fe–Mn–C alloys. In: Materials Science and Engineering: A, 387-389. Jg., 2004, S. 158–162.

[Ama12] Amato, K. N.; Gaytan, S. M.; Murr, L. E.; Martinez, E.; Shindo, P. W.; Hernandez, J.; Collins, S.; Medina, F.: Microstructures and mechanical behavior of Inconel 718 fabricated by selective laser melting. In: Acta Materialia, 60. Jg., 2012, Nr. 5, S. 2229–2239.

[Ame96] American Society for Metals (Hrsg.) Binary alloy phase diagrams. 2. ed., [Nachdr.]. Materials Park, Ohio: The Materials Information Society, 1996

[Ans19] Ansari, M. J.; Nguyen, D.-S.; Park, H. S.: Investigation of SLM Process in Terms of Temperature Distribution and Melting Pool Size: Modeling and Experimental Approaches. In: Materials (Basel, Switzerland), 12. Jg., 2019, Nr. 8

[Bac10] Bachmann, F.; Hielscher, R.; Schaeben, H.: Texture Analysis with MTEX – Free and Open Source Software Toolbox. In: Solid State Phenomena, 160. Jg., 2010, S. 63–68.

[Bar11] Bartkowiak, K.; Ullrich, S.; Frick, T.; Schmidt, M.: New Developments of Laser Processing Aluminium Alloys via Additive Manufacturing Technique. In: Physics Procedia, 12. Jg., 2011, S. 393–401.

[Bec07] Beckhoff, B.; Fliegauf, R.; Kolbe, M.; Müller, M.; Weser, J.; Ulm, G.: Reference-free total reflection X-ray fluorescence analysis of semiconductor surfaces with synchrotron radiation. In: Analytical chemistry, 79. Jg., 2007, Nr. 20, S. 7873–7882.

[Ben62] Benesovski, F.: Fundamental principles of powder metallurgy. von W. D. Jones, London, Edward Arnold Publishers Ltd., 1960, 1032 S., 316 abb., 81 tab., Leinen, £ 7 7s net. In: Materials and Corrosion, 13. Jg., 1962, Nr. 1, S. 54.

[Bha97] Bhadeshia, H.: Recrystallisation of practical mechanically alloyed iron-base and nickel-base superalloys. In: Materials Science and Engineering: A, 223. Jg., 1997, Nr. 1-2, S. 64–77.

[Bid18] Bidare, P.; Bitharas, I.; Ward, R. M.; Attallah, M. M.; Moore, A. J.: Fluid and particle dynamics in laser powder bed fusion. In: Acta Materialia, 142. Jg., 2018, S. 107–120.

[Bil17] Billur, E. Hot formed steels. In: Automotive Steels: Elsevier, 2017, S. 387–411.

[Bil18] Billur, E.; Karabulut, S.; Yilmaz, İ. Ö.; Erzincanioglu, S.; Çelik, H.; Altinok, E.; Baser, T.: Mechanical Properties of Trip Aided Bainitic Ferrite TBF Steels in Production and Service Conditions. In: Hittite Journal of Science and Engineering, 5. Jg., 2018, Nr. 3, S. 231–237.

[Ble09] Bleck, W. Spezielle Werkstoffkunde der Stähle für Studium und Praxis). Aachen: RWTH Publications, 2009

[Blo82] Block-Bolten A.: Selective evaporation of metals from weld pools. Trends in welding research in the United State. In: 1982

[Bos21] Bosio, F.; Fino, P.; Manfredi, D.; Lombardi, M.: Strengthening strategies for an Al alloy processed by in-situ alloying during laser powder bed fusion. In: Materials & Design, 212. Jg., 2021, S. 110247.

[Bos22] Bosio, F.; Manfredi, D.; Lombardi, M.: Homogenization of an Al alloy processed by laser powder bed fusion in-situ alloying. In: Journal of Alloys and Compounds, 904. Jg., 2022, S. 164079.

[Bou16] Bourell, D. L.: Perspectives on Additive Manufacturing. In: Annual Review of Materials Research, 46. Jg., 2016, Nr. 1, S. 1–18.

[Bra12] Brandl, E.; Heckenberger, U.; Holzinger, V.; Buchbinder, D.: Additive manufactured AlSi10Mg samples using Selective Laser Melting (SLM): Microstructure, high cycle fatigue, and fracture behavior. In: Materials & Design, 34. Jg., 2012, S. 159–169.

[Bra21] Bradford, R. L.; Cao, L.; Klosterman, D.; Herman, F.; Forman, L.; Browning, C.: A metal–metal powder formulation approach for laser additive manufacturing of difficult-to-print high-strength aluminum alloys. In: Materials Letters, 300. Jg., 2021, S. 130113.

[Bri20] Brika, S. E.; Letenneur, M.; Dion, C. A.; Brailovski, V.: Influence of particle morphology and size distribution on the powder flowability and laser powder bed fusion manufacturability of Ti-6Al-4V alloy. In: Additive Manufacturing, 31. Jg., 2020, S. 100929.

[Byu03] Byun, T. S.: On the stress dependence of partial dislocation separation and deformation microstructure in austenitic stainless steels. In: Acta Materialia, 51. Jg., 2003, Nr. 11, S. 3063–3071.

[Can04] Cantor, B.; Chang, I.; Knight, P.; Vincent, A.: Microstructural development in equiatomic multicomponent alloys. In: Materials Science and Engineering: A, 375-377. Jg., 2004, S. 213–218.

[Cas15] Casalino, G.; Campanelli, S. L.; Contuzzi, N.; Ludovico, A. D.: Experimental investigation and statistical optimisation of the selective laser melting process of a maraging steel. In: Optics & Laser Technology, 65. Jg., 2015, S. 151–158.

[Cas19] Casati, R.; Coduri, M.; Riccio, M.; Rizzi, A.; Vedani, M.: Development of a high strength Al–Zn–Si–Mg–Cu alloy for selective laser melting. In: Journal of Alloys and Compounds, 801. Jg., 2019, S. 243–253.

[Che15] Cheng, B.; Chou, K. Solid Freeform Fabrication SFF; Melt Pool Evolution Study in Selective Laser Melting). Austin, Texas, 2015

[Che17] Chen, Y.; Zhang, J.; Dai, N.; Qin, P.; Attar, H.; Zhang, L.-C.: Corrosion Behaviour of Selective Laser Melted Ti-TiB Biocomposite in Simulated Body Fluid. In: Electrochimica Acta, 232. Jg., 2017, S. 89–97.

[Che20a] Chen, P.; Li, S.; Zhou, Y.; Yan, M.; Attallah, M. M.: Fabricating CoCrFeMnNi high entropy alloy via selective laser melting in-situ alloying. In: Journal of Materials Science & Technology, 43. Jg., 2020a, S. 40–43.

[Che20b] Chen, P.; Yang, C.; Li, S.; Attallah, M. M.; Yan, M.: In-situ alloyed, oxide-dispersion-strengthened CoCrFeMnNi high entropy alloy fabricated via laser powder bed fusion. In: Materials & Design, 194. Jg., 2020b, S. 108966.

[Che22] Chen, P.; Yao, X.; Attallah, M. M.; Yan, M.: In-situ alloyed CoCrFeMnNi high entropy alloy: Microstructural development in laser powder bed fusion. In: Journal of Materials Science & Technology, 123. Jg., 2022, S. 123–135.

[Chm22] Chmielewska, A.; Wysocki, B.; Buhagiar, J.; Michalski, B.; Adamczyk-Cieślak, B.; Gloc, M.; Święszkowski, W.: In situ alloying of NiTi: Influence of laser powder bed fusion (LBPF) scanning strategy on chemical composition. In: Materials Today Communications, 30. Jg., 2022, S. 103007.

[Cle21] Clemens, H.; Mayer, S.; Heilmaier, M.: Pulvermetallurgische Herstellung von innovativen Hochtemperaturwerkstoffen. In:

BHM Berg- und Hüttenmännische Monatshefte, 166. Jg., 2021, Nr. 5, S. 1–7.

[Coo11] Cooman, B. C.: High Manganese Advanced High Strength TWIP Steel for Automotive Applications. In: MRS Proceedings, 1296. Jg., 2011

[Coo12] Cooman, B. C.; Kwon, O.; Chin, K.-G.: State-of-the-knowledge on TWIP steel. In: Materials Science and Technology, 28. Jg., 2012, Nr. 5, S. 513–527.

[Coo18] Cooman, B. C.; Estrin, Y.; Kim, S. K.: Twinning-induced plasticity (TWIP) steels. In: Acta Materialia, 142. Jg., 2018, S. 283–362.

[Cou14] Courtois, M.; Carin, M.; Le Masson, P.; Gaied, S.; Balabane, M.: A complete model of keyhole and melt pool dynamics to analyze instabilities and collapse during laser welding. In: Journal of Laser Applications, 26. Jg., 2014, Nr. 4, S. 42001.

[Daa11] Daamen, M.; Wietbrock, B.; Richter, S.; Hirt, G.: Strip Casting of a High-Manganese Steel (FeMn22C0.6) Compared with a Process Chain Consisting of Ingot Casting and Hot Forming. In: steel research international, 82. Jg., 2011, Nr. 1, S. 70–75.

[Daa15] Daamen, M.; Haase, C.; Dierdorf, J.; Molodov, D. A.; Hirt, G.: Twin-roll strip casting: A competitive alternative for the production of high-manganese steels with advanced mechanical properties. In: Materials Science and Engineering: A, 627. Jg., 2015, S. 72–81.

[Deb19] DebRoy, T.; Mukherjee, T.; Milewski, J. O.; Elmer, J. W.; Ribic, B.; Blecher, J. J.; Zhang, W.: Scientific, technological and economic issues in metal printing and their solutions. In: Nature materials, 18. Jg., 2019, Nr. 10, S. 1026–1032.

[Del90] Delfino, S.; Saccone, A.; Ferro, R.: Phase relationships in the neodymium-magnesium alloy system. In: Metallurgical Transactions A, 21. Jg., 1990, S. 2109–2114.

[Di11] Di Li, R.; Shi, Y. S.; Wang, Z. G.; Liu, J. H.: Selective Laser Melting of Multi-Component Ni-Based Powder Mixture for Building Metallic Parts. In: Materials Science Forum, 675-677. Jg., 2011, S. 723–726.

[Din04] Dinsdale, A. T.: The viscosity of aluminium and its alloys--A review of data and models. In: ournal of Materials Science volume 39, pages 7221–7228, 2004

[Dzo20] Dzogbewu, T. C.: Laser powder bed fusion of Ti15Mo. In: Results in Engineering, 2020, S. 100–155.

[Eck02] Ecke, G. Mirko- und Nanoanalytik. Skript. Ilmenau, 2002

[Ewa19a] Ewald, S.; Schaukellis, M.; Koehnen, P.; Schleifenbaum, J. H.: Laser Powder Bed Fusion of Advanced High-Strength Steels—Modification of Deformation Mechanisms by Increasing Stacking Fault Energy. In: BHM Berg- und Hüttenmännische Monatshefte, 164. Jg., 2019a, Nr. 3, S. 127–132.

[Ewa19b] Ewald, S.; Kies, F.; Hermsen, S.; Voshage, M.; Haase, C.; Schleifenbaum, J. H.: Rapid Alloy Development of Extremely High-Alloyed Metals Using Powder Blends in Laser Powder Bed Fusion. In: Materials (Basel, Switzerland), 12. Jg., 2019b, Nr. 10

[Ewa21] Ewald, S.; Köhnen, P.; Ziegler, S.; Haase, C.; Schleifenbaum, J. H.: Precise control of microstructure and mechanical properties of additively manufactured steels using elemental carbon powder. In: Materials Letters, 295. Jg., 2021, S. 129788.

[Fin17] Finger, J.-T. Puls-zu-Puls-Wechselwirkungen beim Ultrakurzpuls-Laserabtrag mit hohen Repetitionsraten. Dissertation. RWTH Aachen, GBV Gemeinsamer Bibliotheksverbund, 2017

[Fro03] Frommeyer G: Supra-Ductile and High-Strength Manga-nese-TRIPTWIP Steels for High Energy Absorption Purposes. In: 2003

[Gao22] Gao, J.; Jin, Y.; Fan, Y.; Xu, D.; Meng, L.; Wang, C.; Yu, Y.; Zhang, D.; Wang, F.: Fabricating antibacterial CoCrCuFeNi high-entropy alloy via selective laser melting and in-situ alloying. In: Journal of Materials Science & Technology, 102. Jg., 2022, S. 159–165.

[Geb07] Gebhardt, A. Generative Fertigungsverfahren): München: Carl Hanser Verlag, 2007

[Gle20] Glerum, J. A.; Kenel, C.; Sun, T.; Dunand, D. C.: Synthesis of precipitation-strengthened Al-Sc, Al-Zr and Al-Sc-Zr alloys via selective laser melting of elemental powder blends. In: Additive Manufacturing, 36. Jg., 2020, S. 101461.

[Got13] Gottstein, G. Physical foundations of materials science): Springer Berlin Heidelberg, 2013

[Got14] Gottstein, G. Materialwissenschaft und Werkstofftechnik): Springer Berlin Heidelberg, 2014 - ISBN: 978-3-642-36602-4.

[Grä00] Grässel, O.; Krüger, L.; Frommeyer, G.; Meyer, L. W.: High strength Fe–Mn–(Al, Si) TRIP/TWIP steels development—properties—application. In: International Journal of plasticity, 16. Jg., 2000, Nr. 10-11, S. 1391–1409.

[Gri17] Grigoriev, A.; Polozov, I.; Sufiiarov, V.; Popovich, A.: In-situ synthesis of Ti2AlNb-based intermetallic alloy by selective laser melting. In: Journal of Alloys and Compounds, 704. Jg., 2017, S. 434–442.

[Grü15] Grünewald, H. CRC Handbook of Chemistry and Physics; The Chemical Rubber). Ohio, 2015

[Gu11] Gu, D.; Hagedorn, Y.-C.; Meiners, W.; Wissenbach, K.; Poprawe, R.: Nanocrystalline TiC reinforced Ti matrix bulk-form nanocomposites by Selective Laser Melting (SLM): Densification, growth mechanism and wear behavior. In: Composites Science and Technology, 71. Jg., 2011, Nr. 13, S. 1612–1620.

[Gu12] Gu, D. D.; Meiners, W.; Wissenbach, K.; Poprawe, R.: Laser additive manufacturing of metallic components: materials, processes and mechanisms. In: International Materials Reviews, 57. Jg., 2012, Nr. 3, S. 133–164.

[Guo17] Guo, S.; Lu, Y.; Wu, S.; Liu, L.; He, M.; Zhao, C.; Gan, Y.; Lin, J.; Luo, J.; Xu, X.; Lin, J.: Preliminary study on the corrosion resistance, antibacterial activity and cytotoxicity of selective-laser-melted Ti6Al4V-xCu alloys. In: Materials science & engineering. C, Materials for biological applications, 72. Jg., 2017, S. 631–640.

[Haa15] Haase, C. Texture and Microstructure Evolution during Deformation and Annealing of High-Manganese TWIP Steels. Dissertation, 2015

[Haa17a] Haase, C.; Bültmann, J.; Hof, J.; Ziegler, S.; Bremen, S.; Hinke, C.; Schwedt, A.; Prahl, U.; Bleck, W.: Exploiting Process-Related Advantages of Selective Laser Melting for the Production of High-Manganese Steel. In: Materials (Basel, Switzerland), 10. Jg., 2017a, Nr. 1

[Haa17b] Haase, C.; Tang, F.; Wilms, M. B.; Weisheit, A.; Hallstedt, B.: Combining thermodynamic modeling and 3D printing of elemental powder blends for high-throughput investigation of high-entropy alloys – Towards rapid alloy screening and design. In: Materials Science and Engineering: A, 688. Jg., 2017b, S. 180–189.

[Haa19] Haase, C.; Barrales-Mora, L. A.: From High-Manganese Steels to Advanced High-Entropy Alloys. In: Metals, 9. Jg., 2019, Nr. 7, S. 726.

[Han19] Hanemann, T.; Carter, L. N.; Habschied, M.; Adkins, N. J.; Attallah, M. M.; Heilmaier, M.: In-situ alloying of AlSi10Mg+Si using

Selective Laser Melting to control the coefficient of thermal expansion. In: Journal of Alloys and Compounds, 795. Jg., 2019, S. 8–18.

[Hat19] Hattal, A.; Chauveau, T.; Djemai, M.; Fouchet, J. J.; Bacroix, B.; Dirras, G.: Effect of nano-yttria stabilized zirconia addition on the microstructure and mechanical properties of Ti6Al4V parts manufactured by selective laser melting. In: Materials & Design, 180. Jg., 2019, S. 107909.

[Hea02] Headley, T. J.; Brooks, J. A.: A new Bcc-Fcc orientation relationship observed between ferrite and austenite in solidification structures of steels. In: Metallurgical and Materials Transactions A, 33. Jg., 2002, Nr. 1, S. 5–15.

[Heb16] Hebert, R. J.: Viewpoint: metallurgical aspects of powder bed metal additive manufacturing. In: Journal of Materials Science, 51. Jg., 2016, Nr. 3, S. 1165–1175.

[Her16] Herzog, D.; Seyda, V.; Wycisk, E.; Emmelmann, C.: Additive manufacturing of metals. In: Acta Materialia, 117. Jg., 2016, S. 371–392.

[Hoo18] Hooper, P. A.: Melt pool temperature and cooling rates in laser powder bed fusion. In: Additive Manufacturing, 22. Jg., 2018, S. 548–559.

[Hua22] Huang, Y.; Fleming, T. G.; Clark, S. J.; Marussi, S.; Fezzaa, K.; Thiyagalingam, J.; Leung, C. L. A.; Lee, P. D.: Keyhole fluctuation and pore formation mechanisms during laser powder bed fusion additive manufacturing. In: Nature communications, 13. Jg., 2022, Nr. 1, S. 1170.

[Ive18] Iveković, A.; Omidvari, N.; Vrancken, B.; Lietaert, K.; Thijs, L.; Vanmeensel, K.; Vleugels, J.; Kruth, J.-P.: Selective laser melting of tungsten and tungsten alloys. In: International Journal of Refractory Metals and Hard Materials, 72. Jg., 2018, S. 27–32.

[Jan08] Jandaghi, M.; Parvin, P.; Torkamany, M. J.; Sabbaghzadeh, J.: Alloying element losses in pulsed Nd0.167em:0.167emYAG laser welding of stainless steel 316. In: Journal of Physics D: Applied Physics, 41. Jg., 2008, Nr. 23, S. 235503.

[Jan09] Jandaghi, M.; Parvin, P.; Torkamany, M. J.; Sabbaghz, J.: Measurement of the composition change in Al5754 alloy during long pulsed Nd0.167em:0.167emYAG laser welding based on LIBS. In: Journal of Physics D: Applied Physics, 42. Jg., 2009, Nr. 20, S. 205301.

[Jau18] Jauer, L. Laser powder bed fusion von Magnesiumlegierungen). Dissertation, RWTH Aachen: Apprimus Verlag, 2018

[Kan16] Kang, N.; Coddet, P.; Chen, C.; Wang, Y.; Liao, H.; Coddet, C.: Microstructure and wear behavior of in-situ hypereutectic Al–high Si alloys produced by selective laser melting. In: Materials & Design, 99. Jg., 2016, S. 120–126.

[Kan17] Kang, N.; Coddet, P.; Dembinski, L.; Liao, H.; Coddet, C.: Microstructure and strength analysis of eutectic Al-Si alloy in-situ manufactured using selective laser melting from elemental powder mixture. In: Journal of Alloys and Compounds, 691. Jg., 2017, S. 316–322.

[Kan18] Kang, N.; Ma, W.; Heraud, L.; El Mansori, M.; Li, F.; Liu, M.; Liao, H.: Selective laser melting of tungsten carbide reinforced maraging steel composite. In: Additive Manufacturing, 22. Jg., 2018, S. 104–110.

[Kar18] Karg, M. C. H.; Rasch, M.; Schmidt, K.; Spitzer, S. A. E.; Karsten, T. F.; Schlaug, D.; Biaciu, C.-R.; Gorunov, A. I.; Schmidt, M.: Laser Alloying Advantages by Dry Coating Metallic Powder Mixtures with SiOx Nanoparticles. In: Nanomaterials (Basel, Switzerland), 8. Jg., 2018, Nr. 10

[Kha16] Khairallah, S. A.; Anderson, A. T.; Rubenchik, A.; King, W. E.: Laser powder-bed fusion additive manufacturing: Physics of complex melt flow and formation mechanisms of pores, spatter, and denudation zones. In: Acta Materialia, 108. Jg., 2016, S. 36–45.

[Kie18] Kies, F.; Köhnen, P.; Wilms, M. B.; Brasche, F.; Pradeep, K. G.; Schwedt, A.; Richter, S.; Weisheit, A.; Schleifenbaum, J. H.; Haase, C.: Design of high-manganese steels for additive manufacturing applications with energy-absorption functionality. In: Materials & Design, 160. Jg., 2018, S. 1250–1264.

[Kie20] Kies, F.; Ikeda, Y.; Ewald, S.; Schleifenbaum, J. H.; Hallstedt, B.; Körmann, F.; Haase, C.: Combined Al and C alloying enables mechanism-oriented design of multi-principal element alloys: Ab initio calculations and experiments. In: Scripta Materialia, 178. Jg., 2020, S. 366–371.

[Kni21] Knieps, M. S.; Reynolds, W. J.; Dejaune, J.; Clare, A. T.; Evirgen, A.: In-situ alloying in powder bed fusion: The role of powder morphology. In: Materials Science and Engineering: A, 807. Jg., 2021, S. 140849.

[Köh19] Köhnen, P.; Létang, M.; Voshage, M.; Schleifenbaum, J. H.; Haase, C.: Understanding the process-microstructure correlations for tailoring the mechanical properties of L-PBF produced austenitic advanced high strength steel. In: Additive Manufacturing, 30. Jg., 2019, S. 100914.

[Köh20] Köhnen, P.; Ewald, S.; Schleifenbaum, J. H.; Belyakov, A.; Haase, C.: Controlling microstructure and mechanical properties of additively manufactured high-strength steels by tailored solidification. In: Additive Manufacturing, 35. Jg., 2020, S. 101389.

[Kon11] Konstantinova, N.; Kurochkin, A.; Popel, P.: Viscosity and volume properties of the Al-Cu melts. In: EPJ Web of Conferences, 15. Jg., 2011, S. 1024.

[Koß20] Koß, S., Ewald, S., Bold, M.-N., Koch, J.-H., Voshage, M., Ziegler, S. u. Schleifenbaum, J. H.: Comparison of the EHLA and LPBF Process in Context of New Alloy Design Methods for LPBF. In: 2020

[Kou03] Kou, S. Welding metallurgy). 2nd ed. Hoboken, N.J.: Wiley-Interscience, 2003

[Kum18] Kumar, P.; Prakash, O.; Ramamurty, U.: Micro-and meso-structures and their influence on mechanical properties of selectively laser melted Ti-6Al-4V. In: Acta Materialia, 154. Jg., 2018, S. 246–260.

[Kun19] Kundin, J.; Ramazani, A.; Prahl, U.; Haase, C.: Microstructure Evolution of Binary and Multicomponent Manganese Steels During Selective Laser Melting: Phase-Field Modeling and Experimental Validation. In: Metallurgical and Materials Transactions A, 50. Jg., 2019, Nr. 4, S. 2022–2040.

[Kuo21] Kuo, C. N.; Peng, P. C.; Liu, D. H.; Chao, C. Y.: Microstructure Evolution and Mechanical Property Response of 3D-Printed Scalmalloy with Different Heat-Treatment Times at 325 °C. In: Metals, 11. Jg., 2021, Nr. 4, S. 555.

[Kur84] Kurz, W.; Fisher, D. J. Fundamentals Of Solidification), 1984

[Kus20] Kusoglu, I. M.; Gökce, B.; Barcikowski, S.: Use of (nano-)additives in Laser Powder Bed Fusion of Al powder feedstocks: research directions within the last decade. In: Procedia CIRP, 94. Jg., 2020, S. 11–16.

[Lad21] Ladani, L.; Sadeghilaridjani, M.: Review of Powder Bed Fusion Additive Manufacturing for Metals. In: Metals, 11. Jg., 2021, Nr. 9, S. 1391.

[Lau12] Laumer, T.; Karg, M.; Schmidt, M.: Laser Beam Melting of Multi-Material Components. In: Physics Procedia, 39. Jg., 2012, S. 518–525.

[Leh13] Lehmhus, D.; Busse, M.; Herrmann, A.; Kayvantash, K. Structural Materials and Processes in Transportation): John Wiley & Sons, 2013 - ISBN: 9783527649860.

[Lew16] Lewandowski, J. J.; Seifi, M.: Metal Additive Manufacturing: A Review of Mechanical Properties. In: Annual Review of Materials Research, 46. Jg., 2016, Nr. 1, S. 151–186.

[Li11] Li, D. Z.; Wei, Y. H.; Xu, B. S.; Hou, L. F.; Han, P. D.: Development in fundamental research on TWIP steel used in automobile industry. In: Ironmaking & Steelmaking, 38. Jg., 2011, Nr. 7, S. 540–545.

[Li14] Li, Y.; Gu, D.: Parametric analysis of thermal behavior during selective laser melting additive manufacturing of aluminum alloy powder. In: Materials & Design, 63. Jg., 2014, S. 856–867.

[Li15] Li, S.; Wei, Q.; Shi, Y.; Zhu, Z.; Zhang, D.: Microstructure Characteristics of Inconel 625 Superalloy Manufactured by Selective Laser Melting. In: Journal of Materials Science & Technology, 31. Jg., 2015, Nr. 9, S. 946–952.

[Li21] Li, E. L.; Wang, L.; Yu, A. B.; Zhou, Z. Y.: A three-phase model for simulation of heat transfer and melt pool behaviour in laser powder bed fusion process. In: Powder Technology, 381. Jg., 2021, S. 298–312.

[Lia20] Liang, H.; Zhao, D.; Feng, X.; Ma, L.; Deng, X.; Han, C.; Wei, Q.; Yang, C.: 3D-printed porous titanium scaffolds incorporating niobium for high bone regeneration capacity. In: Materials & Design, 194. Jg., 2020, S. 108890.

[Lin20] Lin, D.; Xu, L.; Li, X.; Jing, H.; Qin, G.; Pang, H.; Minami, F.: A Si-containing FeCoCrNi high-entropy alloy with high strength and ductility synthesized in situ via selective laser melting. In: Additive Manufacturing, 35. Jg., 2020, S. 101340.

[Lou11] Louvis E.; Fox P.; Sutcliffe C. J.: Selective laser melting of aluminium components. In: Journal of Materials Processing Technology, 211. Jg., 2011, S. 275–284.

[Mah19] Mahmoodkhani, Y.; Ali, U.; Imani Shahabad, S.; Rani Kasinathan, A.; Esmaeilizadeh, R.; Keshavarzkermani, A.; Marzbanrad, E.; Toyserkani, E.: On the measurement of effective powder layer thickness in laser powder-bed fusion additive manufacturing of metals. In: Progress in Additive Manufacturing, 4. Jg., 2019, Nr. 2, S. 109–116.

[Man14] Manvatkar, V.; De, A.; DebRoy, T.: Heat transfer and material flow during laser assisted multi-layer additive manufacturing. In: Journal of Applied Physics, 116. Jg., 2014, Nr. 12, S. 124905.

[Mar19a] Martinez, R. Selective Laser Melting of Al-Cu12 in-situ alloying development for anchor-less processing. Dissertation. White Rose eTheses, 2019a

[Mar19b] Martinez, R.; Todd, I.; Mumtaz, K.: In situ alloying of elemental Al-Cu12 feedstock using selective laser melting. In: Virtual and Physical Prototyping, 14. Jg., 2019b, Nr. 3, S. 242–252.

[Mat16] Matthews, M. J.; Guss, G.; Khairallah, S. A.; Rubenchik, A. M.; Depond, P. J.; King, W. E.: Denudation of metal powder layers in laser powder bed fusion processes. In: Acta Materialia, 114. Jg., 2016, S. 33–42.

[Mei99] Meiners, W. Direktes Selektives Laser Sintern einkomponentiger metallischer Werkstoffe. Dissertation. Shaker Verlag, Aachen, 1999

[Mel20] Melia, M. A.; Whetten, S. R.; Puckett, R.; Jones, M.; Heiden, M. J.; Argibay, N.; Kustas, A. B.: High-throughput additive manufacturing and characterization of refractory high entropy alloys. In: Applied Materials Today, 19. Jg., 2020, S. 100560.

[Mes99] Messler, R. W. Principles of welding. Processes, physics, chemistry, and metallurgy). 1st ed. New York: John Wiley, 1999

[Mon16] Montero-Sistiaga, M. L.; Mertens, R.; Vrancken, B.; Wang, X.; van Hooreweder, B.; Kruth, J.-P.; van Humbeeck, J.: Changing the alloy composition of Al7075 for better processability by selective laser melting. In: Journal of Materials Processing Technology, 238. Jg., 2016, S. 437–445.

[Mos21] Mosallanejad, M. H.; Niroumand, B.; Aversa, A.; Saboori, A.: In-situ alloying in laser-based additive manufacturing processes: A critical review. In: Journal of Alloys and Compounds, 872. Jg., 2021, S. 159567.

[Mur12] Murr, L. E.; Martinez, E.; Hernandez, J.; Collins, S.; Amato, K. N.; Gaytan, S. M.; Shindo, P. W.: Microstructures and Properties of 17-4 PH Stainless Steel Fabricated by Selective Laser Melting. In: Journal of Materials Research and Technology, 1. Jg., 2012, Nr. 3, S. 167–177.

[Nag19] Naghizadeh, M.; Mirzadeh, H.: Effects of Grain Size on Mechanical Properties and Work-Hardening Behavior of AISI 304

Austenitic Stainless Steel. In: steel research international, 90. Jg., 2019, Nr. 10, S. 1900153.

[Nie13] Niendorf, T.; Leuders, S.; Riemer, A.; Richard, H. A.; Tröster, T.; Schwarze, D.: Highly Anisotropic Steel Processed by Selective Laser Melting. In: Metallurgical and Materials Transactions B, 44. Jg., 2013, Nr. 4, S. 794–796.

[Niu18] Niu, X.; Shen, H.; Fu, J.: Microstructure and mechanical properties of selective laser melted Mg-9 wt%Al powder mixture. In: Materials Letters, 221. Jg., 2018, S. 4–7.

[Ohr11] Ohrndorf, A. Verformungsverhalten metallischer Schaumwerkstoffe unter isothermen und thermomechanischen Beanspruchungsbedingungen. Siegen, Universität Siegen, Diss., 2011. Siegen, 2011

[Par10] Park, K.-T.; Jin, K. G.; Han, S. H.; Hwang, S. W.; Choi, K.; Lee, C. S.: Stacking fault energy and plastic deformation of fully austenitic high manganese steels: Effect of Al addition. In: Materials Science and Engineering: A, 527. Jg., 2010, Nr. 16-17, S. 3651–3661.

[Pol19] Polozov, I.; Sufiiarov, V.; Kantyukov, A.; Popovich, A.: Selective Laser Melting of Ti2AlNb-based intermetallic alloy using elemental powders: Effect of process parameters and post-treatment on microstructure, composition, and properties. In: Intermetallics, 112. Jg., 2019, S. 106554.

[Pol20] Polozov, I.; Sufiiarov, V.; Kantyukov, A.; Masaylo, D.; Popovich, A.: Tailoring microstructure and properties of graded Ti-22Al-25Nb/SiC and Ti-22Al-25Nb/Ti-6Al-4V alloys by in-situ synthesis during selective laser melting. In: Materials Today: Proceedings, 2020

[Qiu16] Qiu, C.; Fones, A.; Hamilton, H. G.; Adkins, N. J.; Attallah, M. M.: A new approach to develop palladium-modified Ti-based alloys for biomedical applications. In: Materials & Design, 109. Jg., 2016, S. 98–111.

[Rei98] Reimer, L. Scanning Electron Microscopy Physics of Image Formation and Microanalysis): Meas. Sci. Technol. 11 1826, 1998

[Rie20] Riener, K.; Albrecht, N.; Ziegelmeier, S.; Ramakrishnan, R.; Haferkamp, L.; Spierings, A. B.; Leichtfried, G. J.: Influence of particle size distribution and morphology on the properties of the powder feedstock as well as of AlSi10Mg parts produced by laser powder bed fusion (LPBF). In: Additive Manufacturing, 34. Jg., 2020, S. 101286.

[Rol16] Rolink, G. Entwicklung der laserbasierten additiven Fertigung für intermetallische Fe-Al-Legierungen. Dissertation. Aachen, 2016

[Rom22] Rometsch, P. A.; Zhu, Y.; Wu, X.; Huang, A.: Review of High-Strength Aluminium Alloys for Additive Manufacturing by Laser Powder Bed Fusion. In: Materials & Design, 2022, S. 110779.

[Rud02] Rudolph, P. Physikalische Chemie der Laser-Material-Wechselwirkung mit Ba-Al-Borosilikatglas, AlN, SiC, SiC-TiC-TiB2, 2002

[Sae21] Saewe, J.; Carstensen, N.; Kürnsteiner, P.; Jägle, E. A.; Schleifenbaum, J. H.: Influence of increased carbon content on the processability of high-speed steel HS6-5-3-8 by laser powder bed fusion. In: Additive Manufacturing, 46. Jg., 2021, S. 102125.

[Sch07] Schatt, W. Pulvermetallurgie. Technologien und Werkstoffe. (Reihe: VDI-Buch). 2., bearbeitete und erweiterte Auflage. Berlin, Heidelberg: Springer-Verlag Berlin Heidelberg, 2007 - ISBN: 9783540236528.

[Sch10] Schleifenbaum, H.; Meiners, W.; Wissenbach, K.; Hinke, C.: Individualized production by means of high power Selective Laser Melting. In: CIRP Journal of Manufacturing Science and Technology, 2. Jg., 2010, Nr. 3, S. 161–169.

[Sch12] Schleifenbaum, J. H. Verfahren und Maschine zur Individualisierten Produktion mit High Power Selective Laser Melting). Dissertation, RWTH Aachen: Shaker Verlag, 2012

[Sch21a] Schmeiser, F.; Krohmer, E.; Wagner, C.; Schell, N.; Uhlmann, E.; Reimers, W.: In situ microstructure analysis of Inconel 625 during laser powder bed fusion. In: Journal of Materials Science, 2021a

[Sch21b] Schrage, J.; Schleifenbaum, J.; Manfi, M.: Influence of powder application parameters on powder bed properties and on productivity of Laser Powder Bed Fusion. In: Preprints, 2021b

[Seh21] Sehhat, M. H.; Mahdianikhotbesara, A.: Powder spreading in laser-powder bed fusion process. In: Granular Matter, 23. Jg., 2021, Nr. 4

[Sim18] Simonelli, M.; Aboulkhair, N. T.; Cohen, P.; Murray, J. W.; Clare, A. T.; Tuck, C.; Hague, R. J.: A comparison of Ti-6Al-4V in-situ alloying in Selective Laser Melting using simply-mixed and satellited powder blend feedstocks. In: Materials Characterization, 143. Jg., 2018, S. 118–126.

[Sin16] Sing, S. L.; Yeong, W. Y.; Wiria, F. E.: Selective laser melting of titanium alloy with 50 wt% tantalum: Microstructure and mechanical properties. In: Journal of Alloys and Compounds, 660. Jg., 2016, S. 461–470.

[Sin18] Sing, S. L.; Wiria, F. E.; Yeong, W. Y.: Selective laser melting of titanium alloy with 50 wt% tantalum: Effect of laser process parameters on part quality. In: International Journal of Refractory Metals and Hard Materials, 77. Jg., 2018, S. 120–127.

[Sin19a] Sing, S. L. Future Trends in Titanium-Tantalum Formed by Selective Laser Melting. In: Sing, S. L. (Hrsg.): Selective Laser Melting of Novel Titanium-Tantalum Alloy as Orthopaedic Biomaterial. (Reihe: Springer Theses. Singapore: Springer Singapore, 2019a, S. 97–99.

[Sin19b] Sing, S. Leong (Hrsg.) Selective Laser Melting of Novel Titanium-Tantalum Alloy as Orthopaedic Biomaterial. (Reihe: Springer Theses. Singapore: Springer Singapore, 2019b

[Ske22] Skelton, J. M.; Sullivan, E. J.; Fitz-Gerald, J. M.; Floro, J. A.: Efficacy of elemental mixing of in situ alloyed Al-33wt%Cu during laser powder bed fusion. In: Journal of Materials Processing Technology, 299. Jg., 2022, S. 117379.

[Son00] Soni, P. R. Mechanical Alloying: Fundamentals and Applications. (Reihe: EngineeringPro collection): Cambridge International Science Publishing, 2000

[Spi14] Spierings, A. B.; Schoepf, M.; Kiesel, R.; Wegener, K.: Optimization of SLM productivity by aligning 17-4PH material properties on part requirements. In: Rapid Prototyping Journal, 20. Jg., 2014, Nr. 6, S. 444–448.

[Spi16] Spierings, A. B.; Voegtlin, M.; Bauer, T.; Wegener, K.: Powder flowability characterisation methodology for powder-bed-based metal additive manufacturing. In: Progress in Additive Manufacturing, 1. Jg., 2016, Nr. 1-2, S. 9–20.

[Spr12] Springer, H.; Raabe, D.: Rapid alloy prototyping: Compositional and thermo-mechanical high throughput bulk combinatorial design of structural materials based on the example of 30Mn–1.2C–xAl triplex steels. In: Acta Materialia, 60. Jg., 2012, Nr. 12, S. 4950–4959.

[Str16] Streubel, R.; Barcikowski, S.; Gökce, B.: Continuous multigram nanoparticle synthesis by high-power, high-repetition-rate ultrafast laser ablation in liquids. In: Optics letters, 41. Jg., 2016, Nr. 7, S. 1486–1489.

[Str21] Strauch, A. L.; Uhlenwinkel, V.; Steinbacher, M.; Großwendt, F.; Röttger, A.; Chehreh, A. B.; Walther, F.; Fechte-Heinen, R.: Comparison of the Processability and Influence on the Microstructure of Different Starting Powder Blends for Laser Powder Bed Fusion of a Fe3.5Si1.5C Alloy. In: Metals, 11. Jg., 2021, Nr. 7, S. 1107.

[Sun21] Sun, W.; Ma, Y. E.; Zhang, W.; Qian, X.; Huang, W.; Wang, Z.: Effects of the Build Direction on Mechanical Performance of Laser Powder Bed Fusion Additively Manufactured Ti6Al4V under Different Loadings. In: Advanced Engineering Materials, 23. Jg., 2021, Nr. 12, S. 2100611.

[Tan17a] Tan, C.; Zhou, K.; Ma, W.; Zhang, P.; Liu, M.; Kuang, T.: Microstructural evolution, nanoprecipitation behavior and mechanical properties of selective laser melted high-performance grade 300 maraging steel. In: Materials & Design, 134. Jg., 2017a, S. 23–34.

[Tan17b] Tan, J. H.; Wong, W. L. E.; Dalgarno, K. W.: An overview of powder granulometry on feedstock and part performance in the selective laser melting process. In: Additive Manufacturing, 18. Jg., 2017b, S. 228–255.

[Tar20] Taruttis, A.; Hardes, C.; Röttger, A.; Uhlenwinkel, V.; Chehreh, A. B.; Theisen, W.; Walther, F.; Zoch, H. W.: Laser additive manufacturing of hot work tool steel by means of a starting powder containing partly spherical pure elements and ferroalloys. In: Procedia CIRP, 94. Jg., 2020, S. 46–51.

[Thi10] Thijs, L.; Verhaeghe, F.; Craeghs, T.; van Humbeeck, J.; Kruth, J.-P.: A study of the microstructural evolution during selective laser melting of Ti–6Al–4V. In: Acta Materialia, 58. Jg., 2010, Nr. 9, S. 3303–3312.

[Thi13a] Thijs, L.; Kempen, K.; Kruth, J. P.; Humbeeck, v. J.: Fine-structured aluminium products with controllable texture by selective laser melting of pre-alloyed AlSi10Mg powder. In: Acta Materialia, 61. Jg., 2013a, S. 1809–1819.

[Thi13b] Thijs, L.; Kempen, K.; Kruth, J.-P.; van Humbeeck, J.: Fine-structured aluminium products with controllable texture by selective laser melting of pre-alloyed AlSi10Mg powder. In: Acta Materialia, 61. Jg., 2013b, Nr. 5, S. 1809–1819.

[Twa13] Twardowski, R.; Bleck, W. Mikrostrukturelle Beschreibung von Verformung und Schädigung hochmanganhaltiger Stähle mit TRIP- und TWIP-Effekt. Lehrstuhl und Institut für

Eisenhüttenkunde / Fachgruppe für Materialwissenschaft und Werkstofftechnik. Dissertation, 2013

[Ver19] Verma, R.; Kaushal, G. State of the Art of Powder Bed Fusion Additive Manufacturing: A Review. In: Kumar, L. J.; Pandey, P. M.; Wimpenny, D. I. (Hrsg.): 3D Printing and Additive Manufacturing Technologies. Singapore: Springer Singapore, 2019, S. 269–279.

[Vil20] Vilardell, A. M.; Yadroitsev, I.; Yadroitsava, I.; Albu, M.; Takata, N.; Kobashi, M.; Krakhmalev, P.; Kouprianoff, D.; Kothleitner, G.; Du Plessis, A.: Manufacturing and characterization of in-situ alloyed Ti6Al4V(ELI)-3 at.% Cu by laser powder bed fusion. In: Additive Manufacturing, 36. Jg., 2020, S. 101436.

[Voc19] Vock, S.; Klöden, B.; Kirchner, A.; Weißgärber, T.; Kieback, B.: Powders for powder bed fusion: a review. In: Progress in Additive Manufacturing, 4. Jg., 2019, Nr. 4, S. 383–397.

[Vor15] Vora, P.; Mumtaz, K.; Todd, I.; Hopkinson, N.: AlSi12 in-situ alloy formation and residual stress reduction using anchorless selective laser melting. In: Additive Manufacturing, 7. Jg., 2015, S. 12–19.

[Vra14] Vrancken, B.; Thijs, L.; Kruth, J.-P.; van Humbeeck, J.: Microstructure and mechanical properties of a novel β titanium metallic composite by selective laser melting. In: Acta Materialia, 68. Jg., 2014, S. 150–158.

[Wan18a] Wang, Y. M.; Voisin, T.; McKeown, J. T.; Ye, J.; Calta, N. P.; Li, Z.; Zeng, Z.; Zhang, Y.; Chen, W.; Roehling, T. T.; Ott, R. T.; Santala, M. K.; Depond, P. J.; Matthews, M. J.; Hamza, A. V.; Zhu, T.: Additively manufactured hierarchical stainless steels with high strength and ductility. In: Nature materials, 17. Jg., 2018a, Nr. 1, S. 63–71.

[Wan18b] Wang, M.; Li, R.; Yuan, T.; Chen, C.; Zhang, M.; Weng, Q.; Yuan, J.: Selective laser melting of W-Ni-Cu composite powder: Densification, microstructure evolution and nano-crystalline formation. In: International Journal of Refractory Metals and Hard Materials, 70. Jg., 2018b, S. 9–18.

[Wen18a] Wen, P.; Voshage, M.; Jauer, L.; Chen, Y.; Qin, Y.; Poprawe, R.; Schleifenbaum, J. H.: Laser additive manufacturing of Zn metal parts for biodegradable applications: Processing, formation quality and mechanical properties. In: Materials & Design, 155. Jg., 2018a, S. 36–45.

[Wen18b] Wen, P.; Jauer, L.; Voshage, M.; Chen, Y.; Poprawe, R.; Schleifenbaum, J. H.: Densification behavior of pure Zn metal parts produced by selective laser melting for manufacturing biodegradable implants. In: Journal of Materials Processing Technology, 258. Jg., 2018b, S. 128–137.

[Woh21] Wohlers, T. T. a. Wohlers report 2021 3D printing and additive manufacturing). Fort Collins, Col.: Wohlers Associates, 2021 - ISBN: 978-0-9913332-7-1.

[Yad17] Yadroitsev, I.; Krakhmalev, P.; Yadroitsava, I.: Titanium Alloys Manufactured by In Situ Alloying During Laser Powder Bed Fusion. In: JOM, 69. Jg., 2017, Nr. 12, S. 2725–2730.

[Yad21] Yadroitsev, I., Yadroitsava, I., Plessis Du A., MacDonald E. (Hrsg.) Fundamentals of Laser Powder Bed Fusion of Metals: Elsevier, 2021

[Yap15] Yap, C. Y.; Chua, C. K.; Dong, Z. L.; Liu, Z. H.; Zhang, D. Q.; Loh, L. E.; Sing, S. L.: Review of selective laser melting: Materials and applications. In: Applied Physics Reviews, 2. Jg., 2015, Nr. 4, S. 41101.

[Yeh13] Yeh, J.-W.: Alloy Design Strategies and Future Trends in High-Entropy Alloys. In: JOM, 65. Jg., 2013, Nr. 12, S. 1759–1771.

[Yin21] Yin, J.; Zhang, W.; Ke, L.; Wei, H.; Wang, D.; Yang, L.; Zhu, H.; Dong, P.; Wang, G.; Zeng, X.: Vaporization of alloying elements and explosion behavior during laser powder bed fusion of Cu–10Zn alloy. In: International Journal of Machine Tools and Manufacture, 161. Jg., 2021, S. 103686.

[Zen19] Zenani, A.; Du Preez, W. B.; Dzogbewu, T. C.; Yadroitsev, I. Additive Manufacturing of Ti6Al from Blended Elemental Powders). 7th International Conference on Competitive Manufacturing, 2019

[Zha13a] Zhang, D.; Cai, Q.; Liu, J.; He, J.; Li, R.: Microstructural evolvement and formation of selective laser melting W–Ni–Cu composite powder. In: The International Journal of Advanced Manufacturing Technology, 67. Jg., 2013a, Nr. 9-12, S. 2233–2242.

[Zha13b] Zhang, B.; Fenineche, N.-E.; Liao, H.; Coddet, C.: Microstructure and Magnetic Properties of Fe–Ni Alloy Fabricated by Selective Laser Melting Fe/Ni Mixed Powders. In: Journal of Materials Science & Technology, 29. Jg., 2013b, Nr. 8, S. 757–760.

[Zha16] Zhang, L.-C.; Attar, H.: Selective Laser Melting of Titanium Alloys and Titanium Matrix Composites for Biomedical

Applications: A Review. In: Advanced Engineering Materials, 18. Jg., 2016, Nr. 4, S. 463–475.

[Zha17a] Zhang, H.; Zhu, H.; Nie, X.; Yin, J.; Hu, Z.; Zeng, X.: Effect of Zirconium addition on crack, microstructure and mechanical behavior of selective laser melted Al-Cu-Mg alloy. In: Scripta Materialia, 134. Jg., 2017a, S. 6–10.

[Zha17b] Zhao, C.; Fezzaa, K.; Cunningham, R. W.; Wen, H.; Carlo, F. de; Chen, L.; Rollett, A. D.; Sun, T.: Real-time monitoring of laser powder bed fusion process using high-speed X-ray imaging and diffraction. In: Scientific reports, 7. Jg., 2017b, Nr. 1, S. 3602.

[Zha20a] Zhao, R.; Gao, J.; Liao, H.; Fenineche, N.; Coddet, C.: Selective laser melting of elemental powder blends for fabrication of homogeneous bulk material of near-eutectic Ni–Sn composition. In: Additive Manufacturing, 34. Jg., 2020a, S. 101261.

[Zha20b] Zhao, C.; Wang, Z.; Li, D.; Xie, M.; Kollo, L.; Luo, Z.; Zhang, W.; Prashanth, K. G.: Comparison of additively manufacturing samples fabricated from pre-alloyed and mechanically mixed powders. In: Journal of Alloys and Compounds, 830. Jg., 2020b, S. 154603.

[Zhu13] Zhuravleva, K.; Bönisch, M.; Prashanth, K. G.; Hempel, U.; Helth, A.; Gemming, T.; Calin, M.; Scudino, S.; Schultz, L.; Eckert, J.; Gebert, A.: Production of Porous β-Type Ti-40Nb Alloy for Biomedical Applications: Comparison of Selective Laser Melting and Hot Pressing. In: Materials (Basel, Switzerland), 6. Jg., 2013, Nr. 12, S. 5700–5712.

13 Abkürzungsverzeichnis

Abkürzung	Bezeichnung
AM	Additive Manufacturing
LPBF	Laser Powder Bed Fusion
LMD	Laser Metal Deposition
EBM	Electron Beam Melting
HMnS	Hochmanganstahl
TRIP	Transformation Induced Plasticity
TWIP	Twinning Induced Plasticity
Slip	Slip by dislocation glide
MPEA	Multi-principel Element Alloy
HEA	High Entropy Alloy
EDX	Energiedispersive Röntgenspektroskopie
EBSD	Electron Backscatter Diffraction
CAD	Computer Aided Design
LS	Laser Sintering
LM	Laser Melting
SLM	Selective Laser Melting
AHSS II	Advanced High Strength Steels der zweiten Generation
kfz	kubisch-flächenzentriert
krz	kubisch-raumzentriert
VIGA	Vacuum Induction Melting Gas Atomization
EIGA	Electrode Induction Melting Gas Atomization
RAD	Rapid Alloy Development
CALPHAD	Computer Coupling of Phase Diagrams and Thermochemistry
NADFAM	Novel Alloy Development for Additive Manufacturing
HIP	Hot Isostatic Pressing
REM	Rasterelektronenmikroskopie
X30	X30Mn22 Pulver
eAl	Elementares Aluminium Pulver
VL	X28Mn21Al5 Pulver

PM5	X30Mn22 + 5 Gew% Aluminium (Pulvermischung)
PM7	X30Mn22 + 7 Gew% Aluminium (Pulvermischung)
PSD	Korngrößenverteilung
HDR	High Dynamic Range
OES	Funkenspektroskopie
RFA	Röntgenfluoreszenzanalyse
StdP	Standardparameter
IPF	Inverse Pole Figure
SD	Standardabweichung

14 Formelzeichen

Abkürzung	**Einheit**	**Bezeichnung**
Gew%	%	Gewichtsprozent
SFE	mJ/m^2	Stapelfehlerenergie
σ	MPa/mm^2	Spannung
P_L	W	Laserleistung
v_s	mm/s	Belichtungsgeschwindigkeit
Δy_s	µm	Spurbreite
D_s	µm	Schichtdicke
d_s	µm	Laserstrahldurchmesser
E_V	J/mm^3	Volumenenergiedichte
V_A	mm^3/s	Aufbaurate
P_Z	µm	Pulverzustellung
S_F	-	Supplyfaktor
F_{th}	J/cm^2	Verdampfungsschwelle
ρ	g/cm^3	Dichte
R	-	Reflektionsgrad
ΔH_S	J/kg*K	Sublimationsenthalpie
α	-	Absorptionskoeffizient
M	g/mol	Molare Masse
$R_{p\,0,2}$	MPa	Streckgrenze
R_m	MPa	Zugfestigkeit
A_g	%	Gleichmaßdehnung
A_x	%	Bruchdehnung
D_R	%	Relative Differenz
L_P	%	Legierungsanteil im Pulver
L_B	%	Legierungsanteil im Bauteil
t_0	s	Pulsdauer
I_P	W/mm^2	Intensität des Laserpulses
E_{Puls}	J	Energie des Laserpulses
A_{LM}	mm^2	Laserquerschnittsfläche auf dem Material

T	K	Temperatur
z	mm	Tiefe im Material
κ	W/m*K	Wärmeleitfähigkeit
T_I	s	Interaktionszeit

15 Abbildungsverzeichnis

16 Tabellenverzeichnis

17 Anhang

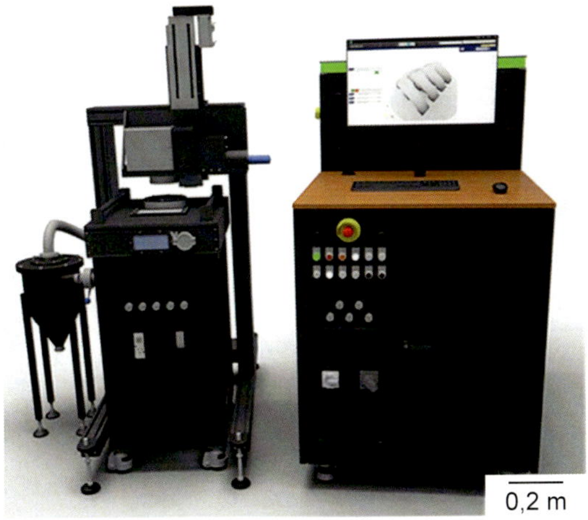

Abbildung 17.1: Darstellung der in dieser Arbeit verwendeten LPBF-Anlage vom Typ Aconity MINI

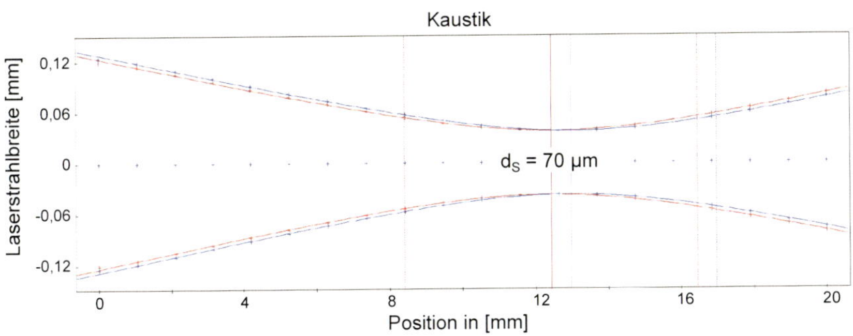

Abbildung 17.2: Darstellung der Kaustikvermessung der in dieser Arbeit verwendeten LPBF-Anlage vom Typ Aconity MINI

Tabelle 17.1: Literaturübersicht von Arbeiten zum Thema Pulvermischungen im LPBF

Literatur	Jahr	Werkstoff/Pulver	Mischmethode	Ziel	Erkenntnisse
Zhang et al. [Zha13b]	2013	70 Gew% Fe (d_{50} = 35 µm) 30 Gew% Ni (d_{50} = 30 µm)	Taumelmischer für 45 min	Untersuchung der magnetischen Eigenschaften	Vergleichbare Eigenschaften mit gegossenem Fe-30Ni.
Vrancken et al. [Vra14]	2014	90 Gew% Ti6Al4V (d_{50} = 34 µm) 10 Gew% Mo (d_{50} = 7 µm)	-	Anpassung der Materialeigenschaften	Mo wird nicht komplett geschmolzen. Die Bruchdehnung im Vergleich zu mittels LPBF verarbeiteten Ti6Al4V wird verdoppelt.
Sistiaga et al. [Mon16]	2016	96 Gew% Al7075 4 Gew% Si	Taumelmischer	Reduzierung von Heißrissen	Erfolgreiche Reduzierung der Heißrisse durch eine Kornverfeinerung.
Zhang et al. [Zha17a]	2017	AlCuMg Zr	Taumelmischer	Reduzierung von Heißrissen	Erfolgreiche Reduzierung der Heißrisse durch eine Kornverfeinerung.
Guo et al. [Guo17]	2017	X Gew% Ti6AlV4 X Gew% Cu	-	Anpassung der Eigenschaften durch das Hinzumischen von elementarem Cu	Cu ist komplett in Legierung gegangen und die Eigenschaften werden entsprechend der Erwartungen angepasst.
Yadroitzev et al. [Yad17]	2017	X Gew% Ti6AlV4 X Gew% Cu	-	Untersuchung der Anwendbarkeit von Pulvermischungen zur Entwicklung neuer Legierungen	Pulvermischungen sind ein effizienter Weg, Legierungen zu untersuchen, und ist flexibel und schnell.
Qiu et al. [Qiu16]	2016	X Gew% Ti6AlV4 X Gew% Pb	Taumelmischer	Anpassung der Materialeigenschaften	Gleichmäßige Verteilung des PB in der Matrix führt zu höherer Festigkeit im Vergleich zu mittels LPBF verarbeiteten Ti6Al4V.
Grigoriev et al. [Gri17]	2017	X Gew% Ti6AlV4 X Gew% Nb	-	Untersuchung der Verarbeitbarkeit von Pulvermischungen	Pulvermischungen können verarbeitet werden. Nb liegt teilweise noch unaufgeschmolzen in den Probekörpern vor.

Bartkowiak et al. [Bar11]	2011	X Gew% Al X Gew% Cu X Gew% Zn	Trockengemischt	Untersuchung der Verarbeitbarkeit von Pulvermischungen	Elemente gehen in Lösung und es wird ein homogenes Gefüge eingestellt.
Kang et al. [Kan16; Kan18; Kan17]	2016–2018	Binäre Pulvermischungen z. B. Al + Si	Taumelmischer 60–120 min	Untersuchung der Verarbeitbarkeit von Pulvermischungen	Niedrigschmelzende Elemente verdampfen und höher schmelzende Elemente werden teilweise nicht aufgeschmolzen. Beides ist abhängig von den Verfahrensparametern und kann darüber beeinflusst werden.
Sing et al. [Sin16; Sin18; Sin19b; Sin19a]	2016–2019	X Gew% Ti X Gew% Ta	-	Untersuchung der Verarbeitbarkeit von Pulvermischungen	Höhere Festigkeiten und geringeres E-Modul werden im Vergleich zu mittels LPBF verarbeiteten Ti6Al4V erreicht. Höheres schmelzendes Element Ta wird teilweise nicht komplett umgeschmolzen.
Laumer et al. [Lau12]	2012	95 Gew% Al (d = 20–40 µm) 4 Gew% Cu (d = 25–60 nm) 1 Gew% Mg (d = 20–63 µm)	Taumelmischer 90 min bei 40 U/min	Untersuchung der erreichbaren rel. Dichte	Rel Dichten > 99,5 % werden erreicht.
Li et al. [Di11]	2011	70 Gew% Ni 20 Gew% Cr 6 Gew% Fe 4 Gew% Al	Rührmischer für 4 h	Untersuchung der Verarbeitbarkeit von Pulvermischungen	Elemente werden schmelzmetallurgisch verbunden, wobei Cr teilweise nicht komplett aufgeschmolzen wird.
Zhang et al. [Zha13a]	2013	Ni- oder Cu-Matrix mit W	-	Flüssigphasensintern von W	W kann in eine Ni- oder Cu-Matrix mittels LPBF eingebettet werden. Die W-Partikel gehen nicht in Legierung und werden nur angeschmolzen.

Wang et al. [Wan18b]	2018	N-i und Cu-Matrix mit W	-	Flüssigphasen-sintern von W	W kann in eine N-i oder Cu-Matrix mittels LPBF eingebettet werden. Die W-Partikel gehen nicht in Legierung und werden nur angeschmolzen.
Niu et al. [Niu18]	2018	92 Gew% Al 8 Gew% Mg	-	Untersuchung der erreichbaren rel. Dichte	Rel. Dichten von bis zu 95,7 % werden erreicht und das Al wird teilweise nicht komplett aufgeschmolzen.
Ewald et al. [Ewa19a]	2019	X Gew% X30Mn22 (d = 15–45 µm) 1–5 Gew% Al (d = 0–45 µm)	Taumelmischer für 45 min	Anpassung der Materialeigenschaften	Die Verformungsmechanismen wechseln mit steigendem Al-Gehalt von TRIP zu TWIP zu Slip und darüber werden die mech. Eigenschaften angepasst.
Ewald et al. [Ewa21]	2021	>99 Gew% X30Mn22 (d = 15–45 µm) 0,3–1,2 Gew% C (d = <45 µm)	Taumelmischer für 45 min	Untersuchung der Verarbeitbarkeit von Pulvermischungen	Durch ESMA-Messungen wird nachgewiesen, dass C in Lösung mit der X30Mn22-Matrix geht und gleichmäßig im Gefüge verteilt vorliegt.
Ewald et al. [Ewa19b]	2019	X Gew% Ni X Gew% Fei X Gew% Mn X Gew% Al X Gew% C	Taumelmischer für 45 min	Screening eines Legierungsraumes und Untersuchung der Verarbeitbarkeit von Pulvermischungen	Pulvermischung aus fünf elementaren Pulvern wird mit rel. Dichten > 99,5 % verarbeitet. Die Durchmischung der Elemente steigt mit steigender Volumenenergiedichte.
Köhnen et al. [Köh20]	2020	X Gew% X30Mn22 (d = 15–45 µm) 1–5 Gew% Al (d = 0–45 µm)	Taumelmischer für 45 min	Anpassung der Materialeigenschaften	Ab 4 Gew% Al wird ein Duplexgefüge aus Ferrit und Austenit festgestellt.

Kies et al. [Kie18]	2018	99 Gew% X30Mn22 (d = 15–45 µm) 1 Gew% Al (d = 0–45 µm)	Taumelmischer für 45 min	Anpassung der Materialeigenschaften	Bruchdehnung wird um >10 % von 0 zu 1 Gew% Al erhöht; Al-Seigerungen werden bei LPBF-Probekörpern festgestellt und beim LMD nicht.
Kies et al. [Kie20]	2020	X Gew% Ni X Gew% Fei X Gew% Mn X Gew% Al X Gew% C	Taumelmischer für 45 min	Screening eines Legierungsraumes	Pulvermischung aus fünf elementaren Pulvern wird mit rel. Dichten > 99,5 % verarbeitet und C beeinflusst die eintretenden Verformungsmechanismen in dem Legierungssystem.
Knieps et al. [Kni21]	2021	Pulvermischung aus elementaren Pulvern mit verschiedenen PSDs aus der Familie der HEAs	Taumelmischer	Untersuchung des Einflusses der PSD auf die resultierende rel. Dichte und sich einstellende Defekte	Ein Anteil von >20 Gew% Feinanteil (< 15 µm) im Pulver verbessert die Durchmischung der Elemente, da diese voll aufgeschmolzen werden und gleichmäßiger in der Pulvermischung verteilt werden können.
Zhuravleva et al. [Zhu13]	2013	60 Gew% Ti 40 Gew% Nb	Pulvermühle mechanisch legiert	Untersuchung der erreichbaren rel. Dichte und der Biokompatibilität	Keine rel. Dichten > 99,5 % werden erreicht und Verunreinigungen durch Oxide etc. werden festgestellt.
Skelton et al. [Ske22]	2022	67 Gew% Al 33 Gew% Cu mit verschiedenen PSDs	Taumelmischer	Untersuchung des Einflusses der PSD auf die Verteilung der Elemente nach der Verarbeitung	Kleinere Partikel führen zu einer besseren Verteilung der Elemente nach der Verarbeitung.
Casati et al. [Cas19]	2019	AlSiMg (d50 = 22,5 µm) AlZnMgCu (d50 = 19,6 µm) Si	-	Entwicklung einer neuen Legierung	Über das Hinzufügen von reinem Si wird eine bessere Verarbeitbarkeit und höhere Härte im Vergleich erreicht.

Chen et al. [Che20b; Che20a; Che22]	2020–2022	HEAs (CoCrFeMnNi)	-	Entwicklung neuer Legierungen	Pulvermischungen sind eine gute Möglichkeit zur Entwicklung neuer HEAs für das LPBF.
Glerum et al. [Gle20]	2020	Al (d50 = 30 µm) Sc (d50 = 44 µm) Zr (d50 = 35 µm	Kugelmühle mechanisch legiert	Entwicklung einer neuen Legierung	Mit elementaren Pulvermischungen können homogene Zusammensetzungen hergestellt werden mit gleichmäßig verteilten Ausscheidungen.
Hanemann et al. [Han19]	2019	AlSi10Mg Si	-	Variation des Si-Gehaltes zur Einstellung der thermischen Eigenschaften	Für beide Pulvermischungen werden rel. Dichten >99,9 % erreicht und die thermischen Eigenschaften können eingestellt werden.
Hattal et al. [Hat19]	2019	Ti6Al4V nYSZ	-	Screening und Datenerzeugung hinsichtlich der Materiaeigenschaften	Proben können hergestellt und damit Daten generiert werden.
Ivekovic et al. [Ive18]	2018	W + 1–5 Gew% Ta (mit Feinanteil)	Taumelmischer	Untersuchung der Verarbeitbarkeit von W-Ta Legierungen	Ohne Vorheizung können keine Proben ohne Risse hergestellt werden.
Liang et al. [Lia20]	2020	Ti + 15–45 % Nb	-	Herstellung von Ti-Scaffolds mit angepassten Eigenschaften	Scaffolds können erfolgreich hergestellt werden und mit einer Anpassung der Chemie werden die mech. Eigenschaften der Scaffolds verbessert.
Lin et al. [Lin20]	2020	FeCoCrNi aus elementaren Pulvern gemischt	Taumelmischer (30 rpm für 300 min)	Screening des FeCoCrNi-Legierungssystems	Eigenschaften können eingestellt und damit erfolgreich bewiesen werden, dass die Anwendung von Pulvermischungen geeignet zum Screening von HEAs ist.

Autoren	Jahr	Pulver	Mischverfahren	Zielsetzung	Ergebnisse
Martinez et al. [Mar19a; Mar19b]	2019	88 Gew% Al (d50 = 40 µm) 12 Gew% Cu (d50 = 12 µm)	Taumelmischer (800 rpm für 10 min)	LPBF- Verfahrensparameterfindung für AlCu12 aus elementaren Pulvern	Rel. Dichten > 99,5 % werden erreicht. Bei einer Reduzierung der Belichtungsgeschwindigkeit und damit einer Erhöhung der Volumenenergie werden die Elemente besser aufgeschmolzen.
Melia et al. [Mel20]	2020	NoNbTaW aus elementaren Pulvern gemischt	-	Screening von RCCAs mittels Pulvermischungen	Pulvermischungen sind geeignet zum Screening von RCCAs. Elemente gehen nicht komplett in Legierung und weisen keine homogene Verteilung auf.
Polozov et al. [Pol19; Pol20]	2019–2020	Ti-22Al-25Nb/SiC und Ti-22Al-25Nb/Ti-6Al-4V Pulvermischungen	-	Einstellen der Mikrostruktur durch eine Anpassung der chemischen Zusammensetzung	Pulvermischungen können zur Einstellung der Eigenschaften in Ti-Legierungen verwendet werden.
Vilardell et al. [Vil20]	2020	97 Gew% Ti6Al4V 3 Gew% Cu	Taumelmischer für 1 h	Untersuchung des Einflusses von Cu auf Ti6Al4V-Legierung	Cu ist besser verteilt in den Proben, die mit 340 W hergestellt sind, als bei denen mit 170 W. Rel. Dichten > 99,5 % werden erreicht.
Zenani et al. [Zen19]	2019	94 Gew% Ti (particle < 45 µm) 6 Gew% Al (d = 40–75 µm)	Mechanisch gemischt	Untersuchung der Verteilung von Al in der Ti-Matrix	Al geht mit Ti in Legierung, wird bei den verwendeten Verfahrensparametern aber nicht gleichmäßig verteilt.
Zhao Gao et al. [Zha20a]	2020	83 Gew% Ni (d = 15–53 µm) 17 Gew% Sn (d = 15–53 µm)	Taumelmischer	Untersuchung des hypereutektischen NiSn-Systems	Proben können mit rel. Dichten > 99,5 % hergestellt werden. Eine nachgelagerte Wärmebehandlung erhöht die Homogenität.

Saewe et al. [Sae21]	2021	HS6-5-3-8 (d = 20–53 µm) C (d = 10–20 µm)	Kugelmühle mechanisch legiert	Untersuchung des Einflusses von einer Erhöhung des C-Gehalts im HS6-5-3-8 auf das Rissverhalten	Erhöhung von C hat trotz der austenitstabilisierenden Wirkung einen negativen Einfluss auf das Rissverhalten.
Bosio et al. [Bos21; Bos22]	2021–2022	AlSi10Mg Cu	Trockenmischung	Anpassung der Eigenschaften durch das Hinzufügen von Cu	Die Eigenschaften können durch das hinzumischen von Cu eingestellt werden.
Gao et al. [Gao22]	2022	CoCrFeNi (d = 15–53 µm) Cu (d = 15–53 µm)	-	Screening von antibakteriellen HEAs	Pulvermischungen können für das Screening genutzt werden. Probekörper mit rel. Dichte > 99,5 % können hergestellt werden.
Bradford et al. [Bra21]	2021	50 Gew% Al6061 50 Gew% AlSi10Mg	Kugelmühle mechanisch legiert	Untersuchung des Einflusses von AlSi10Mg auf die Verarbeitbarkeit von Al6061	Durch die Pulvermischung kann Al6061 rissfrei verarbeitet werden. Pulvermischungen bieten eine Möglichkeit, nicht verarbeitbare Pulver verarbeitbar zu machen.
Strauch et al. [Str21]	2021	Pulvermischungen aus elementaren, binären und ternären Pulvern ($Fe_{3,5}Si_{1,5}C$)	-	Untersuchung der Anwendbarkeit von Pulvermischungen im LPBF zur Entwicklung neuer Legierungen	Mit allen drei Pulvermischungen werden rel. Dichten > 99,5 % erreicht. Die Verteilung der Elemente ist am gleichmäßigsten bei den Probekörpern aus vorlegierten Pulvern.
Chmielewska et al. [Chm22]	2022	53 Gew% Ni (d < 45 µm) 47 Gew % Ti (d < 45 µm)	Taumelmischer für 2 h	Herstellung von Formgedächtnislegierungen mit der Möglichkeit, gering die Chemie anzupassen.	Ni verdampft vorwiegend und wird durch wiederholtes Scannen verstärkt. Durch wiederholtes Scannen wird aber die Verteilung und damit die Homogenität der Elemente erhöht.

Vora et al. [Vor15]	2015	AlSI12 (d_{50} = 33 µm) Al (d_{50} = 38 µm) Si (d_{50} = 10 µm)	Planetenrührwerk (1000 rpm für 6 min)	Untersuchung der eutektischen AlSi12 Pulvermischung und den Vergleich zu vorlegiertem Pulver	s. Kapitel 2.4.3
Simonelli et al. [Sim18]	2018	Ti-Al6-V4	Trockenmischen und Sattelitenmischen	Untersuchung des Einflusses des Mischzustandes auf die chemische Zusammensetzung nach der Verarbeitung	s. Kapitel 2.4.3
Taruttis et al. [Tar20]	2020	Heißarbeitsstahl aus Fe + Ferroalloys und vorlegiert (d = 20–63 µm)	Taumelmischer	Untersuchung der Anwendbarkeit von vergleichsweise günstigen Ferroalloys im LPBF	s. Kapitel 2.4.3
Zhao Wang et al. [Zha20b]	2020	Cu-15Ni-8Sn vorlegiert und aus Cu10Sn und Ni	Mechanisch gemischt für 24 h	Untersuchung der Anwendbarkeit von mechanisch gemischten Pulvermischungen im LPBF	s. Kapitel 2.4.3
Dzogbewu et al. [Dzo20]	2020	Ti15Mo vorlegiert und als Pulvermischung aus elementarem Ti und Mo (d = 15–45 µm)	Mechanisch gemischt	Untersuchung der Anwendbarkeit von Pulvermischungen im LPBF zur Entwicklung neuer Legierungen	s. Kapitel 2.4.3
Mosallanejad et al. [Mos21]	2021	Review	-	Review hinsichtlich der Anwendung von Pulvermischungen im Metall-AM	Pulvermischungen können die Legierungsentwicklung für das AM beschleunigen und Pulvermischungen sind meistens verarbeitbar.

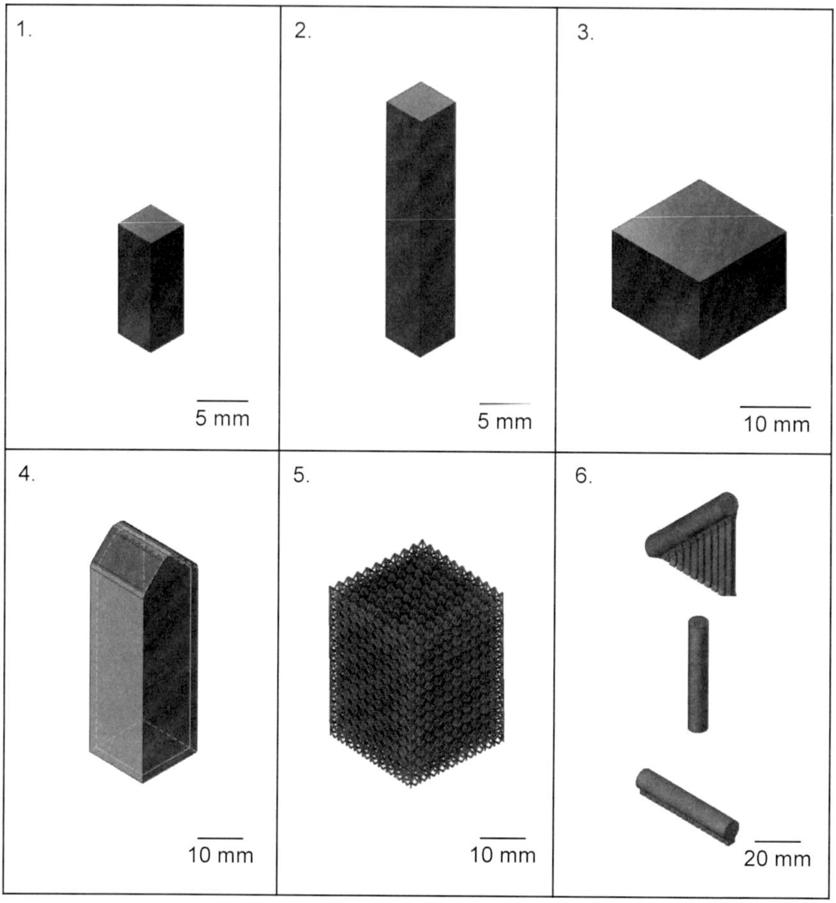

Abbildung 17.3: Abbildungen der in dieser Arbeit verwendeten Probekörper

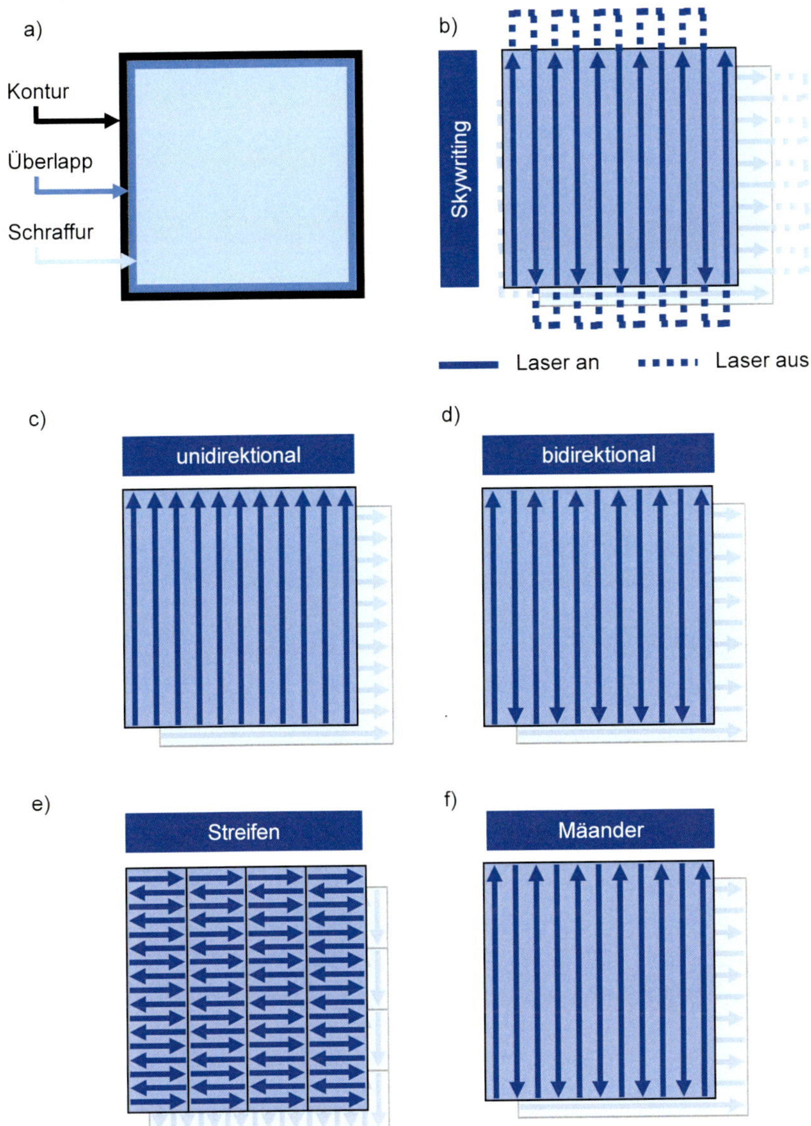

Abbildung 17.4: Übersicht der Belichtungsstrategien und Belichtungsaufteilung der Probekörper. a) Belichtungsaufteilung eines Quaders, b) Skywriting Mode 3, c) unidirektionale Belichtung, d) bidirektionale Belichtung, e) Streifenbelichtung, f) Mäander-Belichtung

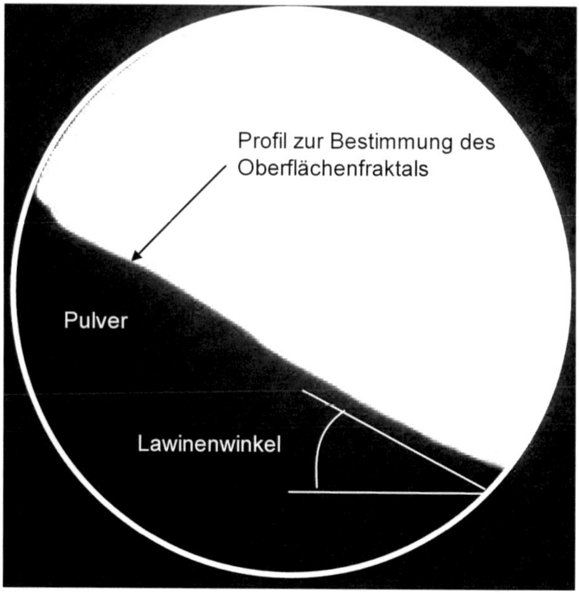

Abbildung 17.5: Schematische Darstellung der Vermessung des Lawinenwinkels und der Bestimmung des Oberflächenfraktals

Tabelle 17.2: Perzentile (d10, d50 und d90) der verwendeten Pulver und Pulvermischung hinsichtlich der volumetrischen Verteilung

Pulver	d10 [µm]	d50 [µm]	d90 [µm]
eAl	12	36	53
X30	15	25	45
VL	15	31	43
PM5	14	32	50
PM7	13	30	51

Al

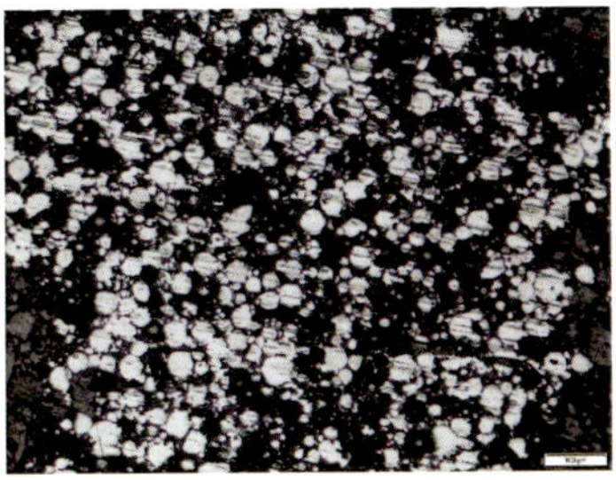

VL

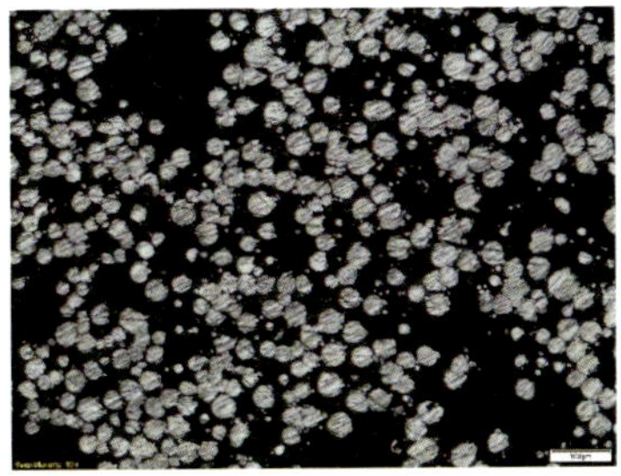

X30

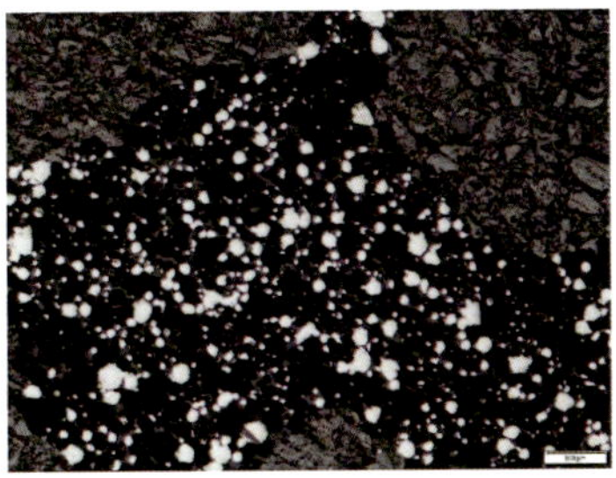

Abbildung 17.6: Querschliffe der in dieser Arbeit verwendeten Pulver (Al, PM7 und X30)

Tabelle 17.3: Messwerte der Untersuchung der rel. Dichte in Abhängigkeit der Verfahrensparameter (s. Kapitel 6.1.1) von VL

	Messpunkte					
Nr.	1	2	3	4	5	SD
1	99,83	99,9	99,92	99,89	99,89	0,03
2	99,94	99,97	99,9	99,94	99,94	0,02
3	99,73	99,93	99,87	99,84	99,91	0,07
4	99,88	99,9	99,91	99,89	99,88	0,01
5	99,92	99,93	99,82	99,86	99,88	0,04
6	99,96	99,97	99,98	99,98	99,97	0,01
7	99,97	99,95	99,96	99,96	99,96	0,01
8	99,95	99,93	99,94	99,96	99,96	0,01
9	99,97	99,98	99,95	99,94	99,96	0,01
10	99,79	99,9	99,89	99,88	99,94	0,05
11	99,94	99,93	99,94	99,93	99,98	0,02
12	99,94	99,93	99,94	99,95	99,93	0,01
13	99,94	99,93	99,83	99,85	99,89	0,04
14	99,83	99,88	99,78	99,85	99,74	0,05
15	99,92	99,93	99,83	99,64	99,71	0,11
16	99,95	99,96	99,97	99,97	99,96	0,01
17	99,95	99,94	99,92	99,9	99,93	0,02

18	99,77	99,83	99,67	99,74	99,74	0,05
19	99,84	99,8	99,73	99,7	99,7	0,06
20	99,71	99,83	99,66	99,81	99,75	0,06
21	99,97	99,88	99,95	99,97	99,94	0,03
22	99,92	99,95	99,89	99,91	99,96	0,03
23	99,58	99,36	99,93	99,95	99,88	0,23
24	99,3	98,9	99,61	99,73	99,7	0,31
25	99,23	98,18	99,15	98,6	98,06	0,48

Tabelle 17.4: Messwerte der Untersuchung der rel. Dichte in Abhängigkeit der Verfahrensparameter (s. Kapitel 6.1.1) von PM5

	Messpunkte					
Nr.	1	2	3	4	5	SD
1	99,87	99,85	99,91	99,96	99,91	0,04
2	99,98	99,98	99,99	99,99	99,94	0,02
3	99,8	99,45	99,97	100	99,97	0,23
4	99,98	99,97	99,97	99,97	99,95	0,01
5	99,94	99,89	99,94	99,98	99,84	0,05
6	99,96	99,95	99,99	99,98	99,98	0,02
7	99,97	99,98	99,99	99,97	99,97	0,01
8	99,96	99,9	99,95	99,94	99,96	0,02
9	99,93	99,99	99,96	99,96	99,92	0,03
10	99,96	99,97	99,97	99,9	99,81	0,07
11	99,96	99,93	99,98	99,97	99,9	0,03
12	99,96	99,96	99,99	99,98	99,98	0,01
13	99,65	99,93	99,81	99,9	99,83	0,11
14	99,75	99,75	99,9	99,97	99,62	0,14
15	99,57	99,81	99,69	99,59	99,6	0,10
16	99,95	99,95	99,96	99,97	99,94	0,01
17	99,65	99,82	99,85	99,67	99,8	0,09
18	99,41	99,64	99,46	99,28	99,52	0,13
19	99,49	99,36	99,93	99,96	99,82	0,27
20	98,92	99,01	98,98	98,65	99,09	0,17
21	99,97	99,98	99,98	99,98	99,94	0,02
22	99,5	99,39	99,27	99,71	99,49	0,16
23	99,64	99,88	99,96	99,95	99,95	0,14
24	99,81	99,64	99,24	98,34	99,49	0,58
25	99,22	98,31	97,27	97,3	98,3	0,82

Tabelle 17.5: Messwerte der Untersuchung der rel. Dichte in Abhängigkeit der Verfahrensparameter (s. Kapitel 6.1.1) von PM7

	Messpunkte					
Nr.	1	2	3	4	5	SD
1	99,97	99,91	99,82	99,92	99,83	0,06
2	99,91	99,93	99,94	99,94	99,91	0,02

3	99,75	99,87	99,67	99,91	99,96	0,12
4	99,66	99,49	99,3	99,66	99,8	0,19
5	99,94	99,89	99,94	99,98	99,84	0,05
6	99,98	99,96	99,94	99,97	99,95	0,02
7	99,96	99,95	99,95	99,86	99,82	0,06
8	99,96	99,93	99,98	99,96	99,96	0,02
9	99,89	99,91	99,93	99,92	99,89	0,02
10	99,83	99,81	99,83	99,9	99,85	0,03
11	99,87	99,97	99,96	99,96	99,93	0,04
12	99,84	99,91	99,94	99,95	99,97	0,05
13	99,83	99,86	99,95	99,94	99,94	0,06
14	99,89	99,83	99,8	99,85	99,64	0,10
15	99,76	99,51	99,78	99,49	99,61	0,14
16	99,97	99,94	99,98	99,96	99,95	0,02
17	99,84	99,63	99,85	99,92	99,82	0,11
18	99,34	99,4	99,62	99,8	99,61	0,19
19	99,31	99,4	99,43	99,46	99,51	0,07
20	99,3	99,33	99,52	99,38	99,49	0,10
21	99,81	99,71	99,79	99,86	99,9	0,07
22	99,53	99,31	99,58	99,75	99,73	0,18
23	99,18	98,71	99,24	99,11	99,48	0,28
24	99,68	99,32	98,97	99,12	99,29	0,27
25	99,53	98,08	98,56	98,74	98,91	0,53

Tabelle 17.6: Übersicht der SD der Messwerte der Untersuchung der rel. Dichte in Abhängigkeit der Verfahrensparameter (s. Kapitel 6.1.1)

Nr.	VL	PM5	PM7	Differenz zum Mittelwert der Pulvermischungen
1	0,03	0,04	0,06	-0,02
2	0,02	0,02	0,02	0,00
3	0,07	0,23	0,12	-0,10
4	0,01	0,01	0,19	-0,09
5	0,04	0,05	0,05	-0,01
6	0,01	0,02	0,02	-0,01
7	0,01	0,01	0,06	-0,03
8	0,01	0,02	0,02	-0,01
9	0,01	0,03	0,02	-0,01
10	0,05	0,07	0,03	0,00
11	0,02	0,03	0,04	-0,02
12	0,01	0,01	0,05	-0,02
13	0,04	0,11	0,06	-0,04
14	0,05	0,14	0,10	-0,07
15	0,11	0,10	0,14	0,00
16	0,01	0,01	0,02	-0,01
17	0,02	0,09	0,11	-0,08

18	0,05	0,13	0,19	-0,11
19	0,06	0,27	0,07	-0,12
20	0,06	0,17	0,10	-0,07
21	0,03	0,02	0,07	-0,01
22	0,03	0,16	0,18	-0,14
23	0,23	0,14	0,28	0,02
24	0,31	0,58	0,27	-0,11
25	0,48	0,82	0,53	-0,19
			Gemittelte Differenz	-0,05

Tabelle 17.7: Messwerte der Schmelzbadbreite, -tiefe und -fläche Untersuchung der rel. Dichte in Abhängigkeit der Verfahrensparameter (s. Kapitel 6.1.1) von VL

		VL					
Nr.	Ev [J/mm³]	Breite [µm]	SD	Tiefe [µm]	SD	Fläche [µm²]	SD
1	139	271	9,9	188	6,2	32203	510
2	118	237	17,5	155	7,4	24275	3033
3	102	188	8,7	129	4,0	16408	50
4	90	178	8,7	126	2,0	14565	746
5	80	149	7,0	104	0,6	10929	246
6	119	214	18,2	178	5	24068	1404
7	101	194	8,5	159	6	19947	1125
8	87	172	8,5	139	6	14424	1225
9	77	177	5,0	110	6,1	13164	920
10	69	135	26,1	106	2,0	10221	1269
11	104	215	14,0	169	1,7	23412	920
12	88	179	5,0	147	7,4	17541	492
13	76	163	15,0	123	4,7	13668	1922
14	67	159	18,1	113	4,6	11959	1559
15	60	137	14,7	105	2,9	9921	696
16	93	223	19,4	171	6,9	25252	1957
17	78	186	13,1	152	2,0	19049	1776
18	68	173	4,2	126	6,4	14715	779
19	60	157	5,0	107	5,0	11423	697
20	54	158	10,0	116	8,1	12233	1280
21	83	188	15,9	192	9,8	26318	858
22	71	159	9,0	157	2,6	18387	317
23	61	133	13,0	158	7,8	16787	1266
24	54	176	10,4	136	6,7	16050	518
25	48	148	10,6	116	4,0	13035	528
	Mittelwert	179	12	139	5	17198	1044

Tabelle 17.8: Messwerte der Schmelzbadbreite, -tiefe und -fläche Untersuchung der rel. Dichte in Abhängigkeit der Verfahrensparameter (s. Kapitel 6.1.1) von PM5

		PM5					
Nr.	Ev [J/mm³]	Breite [µm]	SD	Tiefe [µm]	SD	Fläche [µm²]	SD

1	139	173	5,0	154	2,0	18112	1453
2	118	147	15,3	120	1,5	12023	1161
3	102	139	4,2	116	9,5	11441	2075
4	90	135	7,6	90	7,5	8084	580
5	80	113	9,5	90	3,8	8327	156
6	119	185	2,3	156	6,7	20453	1895
7	101	163	9,0	132	6,4	15693	1688
8	87	142	9,2	108	5,1	11081	958
9	77	146	6,0	109	4,0	11743	564
10	69	128	7,2	101	4,4	9695	863
11	104	183	13,0	151	3,8	19665	1382
12	88	153	5,0	114	2,1	12239	512
13	76	139	5,0	107	5,5	10865	1038
14	67	144	20,9	100	4,5	10379	921
15	60	120	11,1	88	6,1	7822	663
16	93	151	5,8	140	6,0	15495	1042
17	78	144	17,1	127	13,9	13199	1343
18	68	129	12,1	100	1,2	9369	654
19	60	111	7,0	83	2,1	6628	749
20	54	101	8,1	83	9,0	5838	743
21	83	216	15,1	166	4,9	22767	737
22	71	183	16,3	128	3,2	14076	870
23	61	167	17,0	117	5,0	12548	1076
24	54	143	6,1	106	8,1	10698	1264
25	48	143	21,4	116	6,1	10887	1609
	Mittelwert	148	10	116	5	12365	1040

Tabelle 17.9: Vermessung des Strebendurchmessers der Gitterstrukturproben im Querschliff in 45° und 90 Aufbaurichtung zur Bauplattform

Nr.	45° [µm]	90° [µm]
1	485,81	505,10
2	506,31	515,28
3	479,87	507,06
4	495,27	512,54
5	481,87	507,06
6	506,85	514,74
7	519,14	516,55
8	494,38	503,28
9	502,17	510,97
10	495,82	505,65
11	488,28	494,48
12	488,57	507,85
Mittelwert	**495,37**	**508,39**
SD	**11,58**	**6,18**

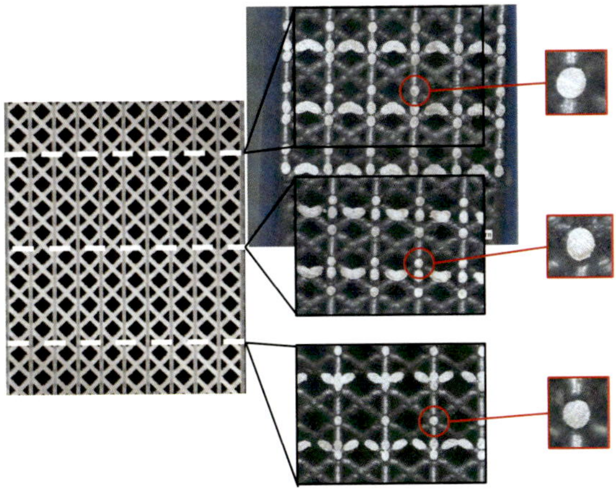

Abbildung 17.7: Querschliffe der Gitterstrukturproben aus PM5 zur Kontrolle auf Defekte und zur Vermessung der Strebendurchmesser

FSC
www.fsc.org
MIX
Papier | Fördert gute Waldnutzung
FSC® C083411

Zeitfracht Medien GmbH
Ferdinand-Jühlke-Straße 7
99095 Erfurt, Deutschland
produktsicherheit@kolibri360.de